Mykoa Yakymchuk
Ignat Korchagin
Valery Soloviev

Tecnologias de ressonância de frequência de pesquisa direta universal em geologia

Mykoa Yakymchuk
Ignat Korchagin
Valery Soloviev

Tecnologias de ressonância de frequência de pesquisa direta universal em geologia

Tecnologias universais de ressonância de frequência de pesquisa direta para resolver problemas geológicos estruturais e de exploração

ScienciaScripts

Imprint

Any brand names and product names mentioned in this book are subject to trademark, brand or patent protection and are trademarks or registered trademarks of their respective holders. The use of brand names, product names, common names, trade names, product descriptions etc. even without a particular marking in this work is in no way to be construed to mean that such names may be regarded as unrestricted in respect of trademark and brand protection legislation and could thus be used by anyone.

Cover image: www.ingimage.com

This book is a translation from the original published under ISBN 978-620-7-65227-3.

Publisher:
Sciencia Scripts
is a trademark of
Dodo Books Indian Ocean Ltd. and OmniScriptum S.R.L publishing group

120 High Road, East Finchley, London, N2 9ED, United Kingdom
Str. Armeneasca 28/1, office 1, Chisinau MD-2012, Republic of Moldova, Europe
Printed at: see last page
ISBN: 978-620-8-02710-0

Mykola Yakymchuk

Ignat Korchagin

Valery Soloviev

Pesquisa direta universal Frequência-ressonância (FR)

Tecnologias em Geologia

(panorâmica de alguns resultados)

Índice

INTRODUÇÃO

Nos últimos anos, foram realizados muitos estudos experimentais para testar métodos de ressonância de frequência (FR) de processamento e descodificação de imagens e fotografias de satélite e melhorar a metodologia da sua aplicação prática em Geologia para resolver vários problemas geológicos e de reconhecimento [62].

Este método permite identificar e estudar com sucesso a estrutura dos complexos vulcânicos, que são importantes para a vida e formação da Terra. A descoberta de milhares de novos vulcões submarinos nos últimos anos mostra a necessidade do seu estudo intensivo.

Os trabalhos realizados fornecem estimativas quantitativas gerais das profundidades de secções importantes do núcleo-manto, que estão associadas aos processos de atividade vulcânica e de desgaseificação da Terra (a profundidade das raízes vulcânicas e a profundidade de síntese do petróleo, da água, etc.). As medições instrumentais de FR estabeleceram a existência de 10 tipos de complexos vulcânicos preenchidos com diferentes rochas. As raízes de todos os vulcões são geralmente fixadas por varrimento da secção transversal às mesmas profundidades: 95-98 km, 214-218 km, 470 km, 723 km e 996 km. Os resultados da investigação permitem-nos utilizar novas informações geofísicas adicionais e independentes para determinar a avaliação preliminar das perspectivas do objeto selecionado para um ou outro tipo de minerais já na fase dos trabalhos de reconhecimento. Na fase de pormenor, os resultados das medições FR, combinados com os materiais da investigação geológica e geofísica, podem acelerar a solução dos problemas de pesquisa local.

Estes novos resultados apoiam a ideia de que a desgaseificação das zonas profundas da Terra é um fator importante no desenvolvimento e na evolução do planeta [61, 134]. Isto permitiu interpretar os materiais obtidos devido à desgaseificação de fluidos profundos, que se efectua devido ao funcionamento de "condutas de gás" e falhas lineares.

Uma das direcções da investigação é a deteção e localização de acumulações de hidrogénio nas zonas de desgaseificação visível de hidrogénio e a avaliação das profundidades (intervalos) da sua ocorrência, bem como uma avaliação abrangente das perspectivas de deteção de depósitos de hidrogénio em áreas locais e grandes blocos de exploração. Foram identificados possíveis locais de desgaseificação de hidrogénio - uma nova fonte importante de energia - e foi demonstrada a unidade dos processos de formação do vulcanismo global e a introdução de fluidos profundos, vulcanismo de lama e fluxos de gás locais e de longa duração.

Na maioria dos casos, os resultados obtidos têm um carácter geral, de reconhecimento, e devem ser esclarecidos aquando da realização de pesquisas locais. Ajudam a revelar os traços mais caraterísticos da estrutura das estruturas regionais e locais e proporcionam uma oportunidade para obter certas ideias sobre a dinâmica do seu desenvolvimento, mecanismos e escalas de formação de muitos tipos de minerais.

A monografia mostra a possibilidade e as vantagens de utilizar os resultados da investigação FR na resolução de muitos problemas estruturais e exploratórios. O trabalho é composto por várias secções, que fornecem uma descrição concisa do método de aplicação da tecnologia de pesquisa direta, os resultados da interpretação das medições obtidas e a sua correlação com a informação geológica e geofísica disponível.

Acreditamos que a utilização de métodos de FR pode também ser eficaz na resolução de problemas relacionados com o desenvolvimento de ideias teóricas sobre o papel do vulcanismo na formação e evolução de estruturas profundas em várias regiões da Terra e dos planetas do Sistema Solar.

CAPÍTULO 1: PRINCÍPIOS BÁSICOS DA METODOLOGIA E UTILIZAÇÃO DAS TECNOLOGIAS DE RESSONÂNCIA DE FREQUÊNCIA

Durante muitos anos, a investigação foi conduzida utilizando métodos móveis de processamento e descodificação de imagens e fotografias de satélite por ressonância de frequência (FR), varrimento vertical de uma secção para determinar as profundidades e capacidades de vários complexos rochosos, bem como uma avaliação integral das perspectivas potenciais de petróleo e gás de territórios locais e grandes blocos [63]. Parte dos métodos baseia-se nos princípios do paradigma da "substância" da investigação geofísica, cuja base é a procura de uma substância específica (definida em cada caso) - petróleo, gás, condensado de gás, ouro, ferro, água.

O método FR de processamento de dados utiliza uma base de dados de fotografias da base formada de rochas ígneas e metamórficas, que inclui 18 grupos: 1) granitos e riolitos (29); 2) granodioritos e dacitos (7); 3) sienitos e traquitos (18); 4) dioritos e andesitos (14); 5) lamprofiros (14); 6) gabros e basaltos (32); 7) rochas ultrabásicas sem feldspato (20); 8) sienitos e fonolitos com feldspato (23); 9) gabróides e basalóides com feldspato (6); 10) rochas ultrabásicas e máficas sem feldspato (10); 11) kimberlitos e lamproítos (20); 12) carbonatitos não silicatados (8); 13) granulitos metamórficos (10); 14) gnaisses metamórficos (26); 15) xistos cristalinos metamórficos (44); 16) ardósias microcristalinas metamórficas (filitos) (11); 17) xistos metamorfoseados, arenitos quebrados (1); 18) xistos metamorfoseados, siltitos quebrados (1).

Uma lista completa dos grupos utilizados e dos tipos de rochas em cada grupo, imagens a cores de todas as amostras de rochas, minerais, líquidos, gases e elementos utilizados na investigação, bem como materiais de estudos experimentais anteriores obtidos utilizando um complexo de métodos lineares móveis, são parcialmente apresentados em [63,144]. As fotografias dos conjuntos de amostras de rochas sedimentares, metamórficas e ígneas utilizadas e a classificação das rochas são apresentadas no documento eletrónico [16].

A estrutura espaço-frequência dos campos electromagnéticos de qualquer substância é determinada pela composição química e pela estrutura das moléculas ou pela estrutura cristalina da substância.

Uma grande quantidade de uma substância homogénea criará para ela uma caraterística electromagnética global do campo, cujo poder de radiação é proporcional à concentração da substância numa determinada direção. Pode assumir-se que uma onda linearmente polarizada com uma dada frequência caraterística, que transporta informação sobre a estrutura da matéria, não é absorvida pelo meio e a sua intensidade não diminui com a distância. Assim, uma substância homogénea a uma profundidade arbitrária da Terra criará um campo semelhante ao que essa substância teria à superfície. Verificou-se que a onda electromagnética caraterística de uma grande quantidade de petróleo e gás é registada de uma certa forma numa imagem espacial, e esta é a base para o estudo de depósitos já descobertos e para a deteção de depósitos ainda desconhecidos [62].

O procedimento ótimo para estudar uma imagem de satélite separada (ou o seu fragmento local) inclui a seguinte sequência de passos:

1. Fixação à superfície das respostas (sinais) do seguinte conjunto de minerais (presença ou ausência): petróleo, condensado, gás, âmbar, xisto betuminoso, brecha argilosa, hidratos de gás, gelo, carvão, antracite, hidrogénio, águas vivas (profundas), águas mortas, diamantes, lenhite, minério de ferro, sal de potássio e magnésio, sal de sódio.

2. Registo de respostas FR de grupos de rochas sedimentares, metamórficas e ígneas que preenchem a secção.

3. Estabelecer a presença de canais profundos (vulcões) preenchidos com diferentes grupos de rochas no território do estudo.

4. Determinação da profundidade das raízes dos vulcões

5. Determinação dos grupos de rochas (petróleo, condensado, gás, água) a partir dos quais são registados sinais FR.

6. Estabelecer a presença (ausência) de respostas FR do petróleo e do gás condensado a uma profundidade de 57 km - os limites da síntese de hidrocarbonetos em canais profundos (vulcões).

7. Estabelecer a presença (ausência) de respostas FR de águas (profundas) a diferentes profundidades (59 km, 68 - 69 km) - o limite previsto de síntese de água em vulcões de um determinado tipo.

8. Estabelecimento de intervalos de resposta FR de óleo, condensado e como numa secção com diferentes passos desde a superfície até 15 km. Esclarecimento das profundidades dos intervalos de hidrocarbonetos mais promissores da secção durante a varredura adicional com um passo menor.

9. No caso da deteção de respostas de 6 grupos de rochas ígneas

(basaltos) na área estudada, é feita uma avaliação da profundidade do limite superior dos basaltos. É também revelada a profundidade do início do registo de respostas nas frequências ressonantes do hidrogénio e da água viva (curativa) dos basaltos.

10. Ao estabelecer a presença de sinais do 11º grupo de rochas ígneas (kimberlitos) na área de pesquisa, a profundidade da borda superior dos kimberlitos é determinada, bem como o intervalo de profundidade em que as respostas são registadas em frequências de diamante. Este conjunto completo de procedimentos foi implementado seletivamente nas áreas pesquisadas.

Os espectros de fotografias de satélite ou de fotografias dos objectos estudados são sucessivamente comparados com os espectros de amostras de rochas, minerais e elementos químicos. No processo de comparação, a unidade de medição regista ressonâncias de frequência, que permitem concluir sobre a presença (ou ausência) de rochas, minerais e elementos químicos específicos na secção do objeto de investigação.

Estas caraterísticas dos métodos desenvolvidos de processamento e descodificação de imagens de satélite estão na base da utilização da expressão "métodos de ressonância de frequência (FR)".

Ao realizar um levantamento de áreas de pesquisa em modo detalhado, é aconselhável realizar medições instrumentais de hidrocarbonetos (petróleo, gás, condensado) tendo em conta um intervalo de tempo relativamente longo (mais de três minutos), bem como registar respostas de hidrocarbonetos a diferentes profundidades (até 7-10 km) a partir da parte superior da secção que define (aproximadamente) o intervalo da secção transversal com hidrocarbonetos.

O procedimento adicional de tal varrimento de intervalos com um pequeno passo (de baixo para cima ou de cima para baixo) permite-lhe determinar as profundidades e espessuras de reservatórios saturados de petróleo e gás (incluindo aqueles com volumes não industriais de hidrocarbonetos).

Sabe-se [34] que, em geral, são utilizados métodos indutivos e dedutivos de conhecimento da realidade. O método dedutivo baseia-se numa investigação cuidadosa e na comparação de factos, enquanto o método indutivo de conhecimento da realidade se baseia frequentemente em factos aleatórios e não verificados, o que pode levar a conclusões incorrectas. Neste caso, os resultados recém-obtidos devem ser avaliados de forma realista, especialmente quando faltam informações geológicas e geofísicas aprofundadas ou quando estas têm uma interpretação ambígua. A verdadeira confiança na realidade dos resultados obtidos (e inesperados) pode ser causada por novos factos com um carácter preditivo e uma interpretação inequívoca.

Os problemas de unicidade e exatidão dos resultados dos métodos utilizados requerem mais atenção e desenvolvimento. Por conseguinte, devem ser considerados como estimativas, aproximações e médias. A sua exatidão pode ser melhorada aumentando o pormenor da investigação.

Esta monografia descreve numerosos exemplos de previsões da possível produtividade de poços (ou falta dela), o que permite uma avaliação positiva do grau de confiança no método proposto, bem como em muitos parâmetros obtidos com a sua ajuda. É igualmente importante que os novos e numerosos resultados instrumentais diretos das medições de FR dêem um novo impulso às ideias teóricas sobre as leis mais gerais do desenvolvimento dos processos naturais.

CAPÍTULO 2: EXEMPLOS DE RESULTADOS DA INVESTIGAÇÃO FR DE ACUMULAÇÕES FLUIDOGÉNICAS DE HIDROCARBONETOS

Os resultados da investigação realizada abrangem objectos regionais e locais de algumas grandes áreas e províncias petrolíferas e de gás do mundo: - os mares do Norte e de Barents, o Golfo do México, a plataforma atlântica do Brasil, o Mediterrâneo e o Mar Negro, grandes áreas da Europa e da Ásia, etc. [65, 76, 121-129, 137-142].

É claro que estes resultados são selectivos e não sistematizados, mas permitem obter novos dados que complementam quantitativamente as ideias existentes sobre o desenvolvimento do planeta, os processos gerais de formação dos principais elementos estruturais e os tipos mais importantes de minerais.

Foram igualmente obtidos numerosos elementos de prova a favor de:

1) a origem profunda (abiogénica) do petróleo, dos condensados e do gás no processo de desgaseificação do hidrogénio na Terra;

2) a presença de migração de gás para a atmosfera do planeta é mostrada;

3) um modelo "vulcânico" confirmado da formação dos elementos estruturais e do aparecimento da Terra, dos planetas e dos satélites do Sistema Solar.

2.1. Projectos de prospeção de reconhecimento dos países europeus para identificar áreas locais promissoras para a exploração detalhada de petróleo e gás.

Este texto apresenta uma breve descrição do projeto para os territórios dos países europeus no modo de reconhecimento para identificar áreas promissoras para a prospeção detalhada de petróleo e gás. Para a realização prática destes projectos, as imagens de satélite dos territórios dos países europeus são divididas em blocos separados (fragmentos), cujo tratamento por ressonância de frequência pode ser efectuado separadamente.

Durante o processamento do fragmento de imagem, pode ser efectuado o seguinte conjunto de procedimentos de medição:

a) fixação de respostas nas frequências de petróleo, condensado e gás;

b) registo de sinais nas frequências das bactérias oxidantes de metano;

c) estabelecimento da presença de estruturas vulcânicas em que existem condições para a síntese de hidrocarbonetos a uma profundidade de 57 km; fixação adicional de respostas de petróleo, condensado e gás a esta profundidade;

d) fixação de sinais nas frequências de petróleo, condensado e gás da parte inferior da secção transversal a 5 km, 10 km e 15 km para avaliar as perspectivas de descoberta de petróleo e gás nos horizontes profundos da secção transversal.

Os métodos móveis podem ser utilizados para avaliar as perspectivas de potencial de petróleo e gás de grandes blocos de exploração e áreas locais, para selecionar os locais ideais para a colocação de poços de exploração e produção, avaliar as perspectivas de descoberta de depósitos de petróleo e gás nos horizontes profundos e super-profundos da secção transversal, prospeção e localização de zonas com localização de canais profundos, através dos quais os fluidos migram para os horizontes superiores da secção transversal. A utilização de tecnologia móvel e de baixo custo irá acelerar o processo de exploração de petróleo, condensado, gás e hidrogénio natural, bem como reduzir os custos financeiros para a sua implementação.

Foram preparados e propostos projectos para um levantamento de reconhecimento dos territórios de muitos países em várias regiões do globo [104, 114-119, 121, 132, 133, 136, 137, 138]. Aqui descrevemos as caraterísticas dos projectos de levantamento de reconhecimento dos territórios de alguns países europeus para identificar áreas e locais promissores para prospeção detalhada de petróleo e gás, hidrogénio natural, minérios e água.

2.1.1. O território da Grã-Bretanha. Para a realização prática deste projeto, a imagem de satélite do território da Grã-Bretanha deve ser dividida em blocos separados, cujo processamento FR será efectuado separadamente. Uma das opções possíveis para dividir uma imagem de satélite do território da Grã-Bretanha em fragmentos separados é mostrada na Fig. 2.1. Os resultados dos estudos experimentais de reconhecimento efectuados em grandes blocos e áreas locais da Grã-Bretanha são apresentados em [64, 119].

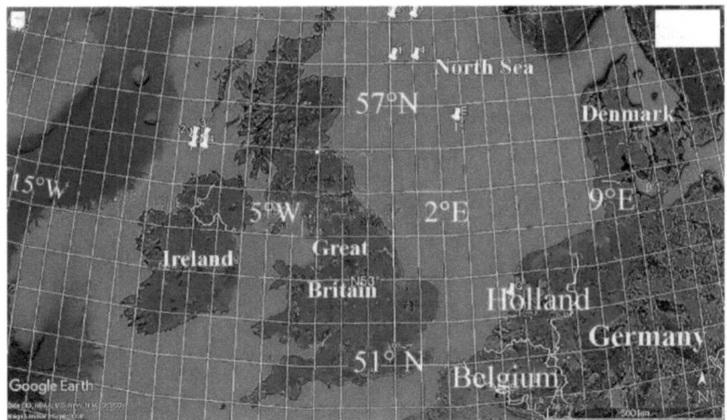

Fig. 2.1. Imagem de satélite do território da Grã-Bretanha com pontos para processamento de FR.

Fragmentos de prospeção detalhados podem também ser rapidamente realizados nos blocos de petróleo e gás mais promissores encontrados na Grã-Bretanha, utilizando o processamento FR de imagens de satélite e fotografias.

Os fragmentos preparados de uma imagem de satélite do território da Grã-Bretanha (Fig. 2.1) podem ser processados adicionalmente no modo de reconhecimento no âmbito de projectos separados para identificar blocos, que são promissores para a prospeção detalhada de: a) hidrogénio natural; b) minérios de vários tipos; c) água.

2.1.2. A zona do Mar do Norte. A tecnologia de processamento FR de imagens de satélite no Mar do Norte foi testada em locais de perfuração de poços e em blocos de licenças individuais. A tecnologia de processamento FR de imagens de satélite também foi testada em algumas áreas e locais na Noruega, Suécia, Finlândia e outros territórios [112, 118, 121, 124, 127, 137].

2.1.3. Os territórios de Espanha e Portugal. Para o levantamento de reconhecimento dos territórios de Espanha e Portugal, foi proposta uma variante de divisão da imagem de satélite destes países em 118 blocos (fragmentos) (Fig. 2.2). No território espanhol, a tecnologia de imagem de satélite e o tratamento FR foram testados num local.

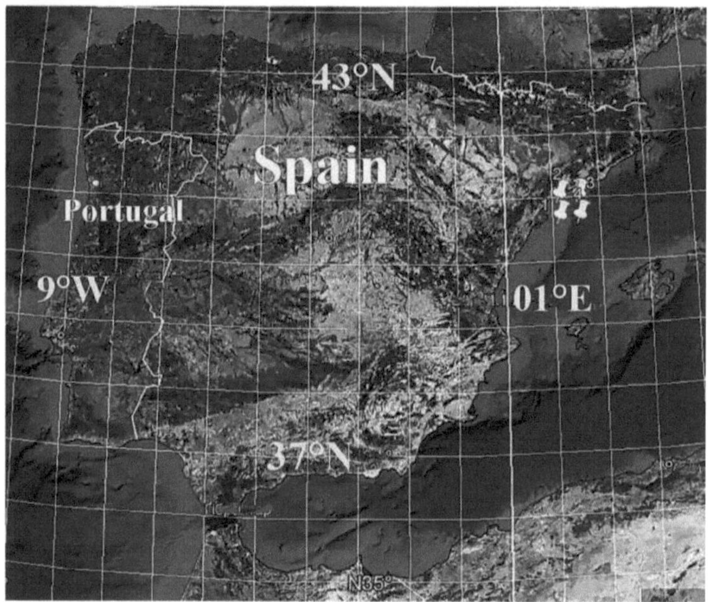

Fig. 2.2. Imagem de satélite do território de Espanha e Portugal.

2.1.4. O território de França. Para o levantamento de reconhecimento do território francês, é proposta uma variante de divisão da imagem de satélite deste país em 96 blocos (Fig. 2.3). No território francês, a tecnologia de tratamento FR das imagens de satélite foi testada na zona de desgaseificação do hidrogénio a norte da aldeia de Saint-Magne [67].

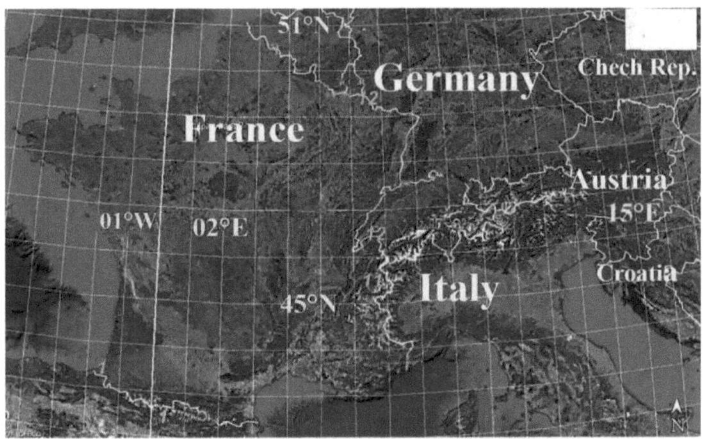

Fig. 2.3. Imagem de satélite do território francês.

2.1.5. Os territórios da Estónia, Letónia e Lituânia. Para o levantamento de reconhecimento, é proposta uma variante de divisão da imagem de satélite destes países em 71 blocos. No território da Letónia, a tecnologia de processamento de imagens de satélite FR foi testada na área de perfuração de poços de hidrogénio, e na Lituânia - numa área de desgaseificação de hidrogénio.

2.1.6. Os territórios da Holanda e da Bélgica. Para o levantamento de reconhecimento dos territórios da Holanda e da Bélgica, é proposta uma variante de divisão da imagem de satélite destes países em 42 (Holanda) e 25 (Bélgica) blocos. No território holandês, a tecnologia de processamento de imagens de satélite FR foi testada no local da central geotérmica da localidade de Aaardwarmte Vogelaer.

2.1.7. O território alemão [121]. Para o levantamento de reconhecimento, uma variante da divisão da imagem de satélite deste país em 60 blocos (fragmentos) (Fig.

2.4) é proposta. No território da RFA, a tecnologia de processamento de imagens de satélite FR foi testada em zonas de desgaseificação de hidrogénio grandes e locais.

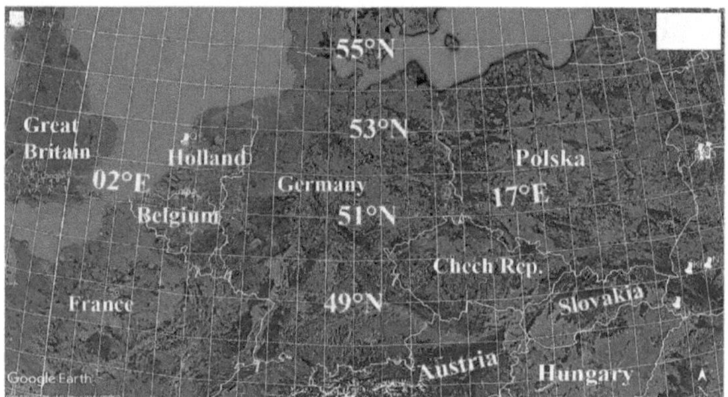

Fig. 2.4. Imagem de satélite do território alemão e de outros países.

2.1.8. O território de Itália. Para o levantamento de reconhecimento, foi proposta uma variante de divisão em 89 blocos. Neste território, a tecnologia de tratamento de imagens de satélite FR foi testada em zonas locais de desgaseificação de hidrogénio [118].

2.1.9. Território da Polónia. Para o levantamento de reconhecimento do território da Polónia, é proposta uma variante de divisão da imagem de satélite deste país em 53 blocos (fragmentos) (Fig. 2.4).

Neste território, a tecnologia de tratamento de imagens de satélite FR foi testada em zonas locais de desgaseificação de hidrogénio.

2.1.10. O território da República Checa e da Eslováquia. Para o levantamento de reconhecimento dos territórios da República Checa e da Eslováquia, é proposta uma variante de divisão da imagem de satélite destes países em 53 (República Checa) e 30 (Eslováquia) blocos (fragmentos) (Fig. 2.4). No território da República Checa, a tecnologia de processamento de ressonância de frequência de imagens de satélite foi testada em alguns locais.

2.1.11. O território da Roménia e da Moldávia. É proposta uma variante em 151 blocos para o levantamento de reconhecimento dos territórios da Roménia e da Moldávia.

Fig. 2.5. Disposição dos locais de estudo ao longo do perfil sísmico (TESZ-2021) numa imagem de satélite do território da Roménia e da Moldávia.

No território da Roménia (Fig.2.5), a tecnologia de processamento de imagens de satélite FR foi testada em alguns blocos e sítios locais. Na Moldávia, a tecnologia foi testada nos depósitos de petróleo e gás conhecidos [138].

2.1.12. O território da Roménia. Apresentam-se seguidamente alguns resultados do estudo do território da Roménia, realizado ao longo do perfil TESZ-2021, para uma avaliação geral das perspectivas do seu potencial de petróleo e gás.

Secção 1 (Fig. 2.5). Ao processar um fragmento de uma imagem de satélite da superfície, foram registados sinais nas frequências de petróleo, condensado, gás, dióxido de carbono, bactérias oxidantes de metano, fósforo (amarelo), xisto betuminoso, antracite, sal de cloreto de sódio, etc.

Foram registadas as respostas dos grupos 1-6, 7 (calcário) e 10 (silicioso) de rochas sedimentares, bem como do 14° grupo de rochas ígneas.

A raiz do vulcão de 1-6 grupos de rochas sedimentares foi determinada a uma profundidade de 470 km, calcário e rochas siliciosas - a 723 km, sais - a 218 km, e as respostas dos granitos (antigos) foram obtidas no intervalo 723-996 km.

Na superfície de síntese de hidrocarbonetos de 57 km, foram registados sinais nas frequências de petróleo, condensado, gás, etc.

Ao varrer uma secção desde a superfície até 5000 m, passo 1 m, foram obtidas respostas em frequências de gás nos seguintes intervalos: 1) 1640-1750 m, 2) 2050-(2800-intensa)-(3000-muito intensa)-3240 m, 3) 3940- (4200-intensa)-4600 m. As respostas de gás foram registadas a partir do fundo da secção a profundidades de 5 km, 10 km e 15 km com atrasos de 6 s, 6 s e 5 s, respetivamente.

Secção 3 (Fig. 2.5). Ao processar um fragmento de uma imagem de satélite da superfície, foram registados sinais nas frequências de óleo, condensado, gás, bactérias oxidantes de metano, fósforo (amarelo), etc.

Foram registadas respostas do 7° grupo (calcário) de rochas sedimentares, bem como do 14° grupo de rochas ígneas. A raiz do vulcão calcário foi determinada a uma profundidade de 723 km, e as respostas dos granitos (antigos) foram obtidas no intervalo 723-996 km.

Na superfície de 0 m da parte superior da secção, foram recebidos sinais nas frequências de oxigénio, azoto, fósforo (amarelo) e gás (há migração de gases para a atmosfera).

Ao varrer uma secção desde a superfície até 5000 m, passo 1 m, foram obtidas respostas em frequências de gás nos seguintes intervalos: 1) 980-(1170-intensa)-1340 m, 2) 2010-(2250-intensa) -(2680-muito intensa)- 2820 m, 3) 3260-(3440-intensa)-3580 m, 4) 3970-(4120-intensa) -(4250-muito intensa)-4490 m. Foram registadas respostas de gás na parte inferior da secção a profundidades de 5 km, 10 km e 15 km.

Secção 4 (Fig. 2.5). Ao processar um fragmento de uma imagem de satélite da superfície, foram registados sinais nas frequências de petróleo (baixa intensidade), condensado (baixa intensidade), gás (baixa intensidade), bactérias oxidantes de metano, fósforo (amarelo), xisto betuminoso, antracite, diamantes, etc.

Foram registados sinais dos grupos 1-6, 9 (margas), 10 (siliciosas) de rochas sedimentares e 11 (kimberlitos) 11, 12, 13 e 14 de rochas ígneas. As raízes dos vulcões de rochas siliciosas e kimberlitos foram registadas a uma profundidade de 723 km, as margas e rochas sedimentares dos grupos 1-6 - a 470 km, e as respostas dos granitos (antigos) foram obtidas no intervalo 723-996 km.

Ao varrer a secção com um passo de 10 cm, o bordo superior dos kimberlitos foi determinado a uma profundidade de 230 m, e as respostas dos diamantes começaram a ser registadas a partir de 248 m.

À superfície de 0 m, foram recebidos sinais da parte superior da secção nas frequências de gás, fósforo (amarelo), oxigénio e azoto (há migração de gases para a atmosfera).

Ao varrer uma secção desde a superfície até 5000 m, passo 1 m, obtiveram-se respostas em frequências de gás nos seguintes intervalos: 1) 890-960 m, 2) 1670-1910 m, 3) 2500-(2750-intensivo)-2860 m, 4) 4005- (4300-intensivo)-4560 m, 5) 4770-4840 m. Também se registaram respostas de gás na parte inferior da secção a profundidades de 5 km, 10 km e 15 km.

Secção 7 (Fig. 2.5). Os sinais foram registados a partir da superfície nas frequências dos diamantes, do 8° (dolomite), do 9° (margas) grupos de rochas sedimentares e do 11° (kimberlitos) grupos de rochas ígneas.

As raízes dos vulcões de dolomite e kimberlite foram determinadas a uma profundidade de 99 km, margas - 470 km, e os sinais das rochas siliciosas foram registados no intervalo 99-723 km.

O bordo superior dos kimberlitos foi determinado por varrimento com um passo de 1 m a uma profundidade de 830 m. A partir da parte superior da secção a esta profundidade, só foram recebidas respostas de dolomites e margas; não foram recebidos sinais de diamantes.

Ao varrer a secção a partir de 830 m, passo de 10 cm, os sinais em frequências de diamante começaram a ser registados a partir de 865 m.

Na área do perfil na Roménia, foram descobertas quatro estruturas vulcânicas de basalto com hidrogénio e foram registadas respostas de petróleo, condensado e gás de um vulcão com 1 a 6 grupos de rochas sedimentares e dois vulcões de calcário. Foram descobertos complexos vulcânicos de kimberlito com diamantes em duas áreas na zona do perfil.

2.1.13. Territórios da Bulgária, Albânia, Macedónia do Norte e Turquia. É proposta uma variante da divisão da imagem de satélite destes países em 66 (Bulgária), 41 (Albânia e Macedónia do Norte) e 32 (Turquia - parte europeia) (fragmentos). Nos territórios da Bulgária, Albânia e Turquia, a tecnologia de processamento de imagens de satélite FR foi testada em alguns blocos e locais [118].

2.1.14. Território da Grécia. Para o levantamento de reconhecimento do território grego, é proposta uma variante de divisão da imagem de satélite deste país em 209 blocos (fragmentos). No território grego, a tecnologia de processamento de imagens de satélite FR foi testada em alguns blocos de prospeção [118].

2.2. Os principais resultados do trabalho experimental.

Sobre as profundidades previstas da síntese de petróleo, condensado e gás. A aplicação da tecnologia de prospeção direta em campos de hidrocarbonetos bem conhecidos, bem como dentro de áreas de registo de resposta nas frequências de petróleo, condensado e gás, levou ao estabelecimento de uma fronteira condicional a uma profundidade de 57 km, acima da qual os sinais são registados nas frequências ressonantes de petróleo, condensado e gás, e abaixo (mais profundo) - nas frequências de hidrogénio e carbono.

Esta fronteira é fixada em certas zonas de registo de sinais de hidrocarbonetos à superfície em quase todas as regiões do globo, dentro das quais foram realizados estudos experimentais. Numerosos resultados da fixação desta fronteira por medições instrumentais diretas (e não pela interpretação dos resultados das medições) sugerem a existência deste intervalo de profundidade de condições termodinâmicas, favoráveis à síntese de petróleo, condensados e gás de hidrogénio e carbono, que migram a partir de baixo.

Podemos também falar da presença a esta profundidade das condições necessárias para a formação de um reator natural para a síntese de petróleo, condensado e gás. Também se pode supor que num tal reator o processo de geração de hidrocarbonetos só se iniciará se uma série de condições adicionais se verificarem neste intervalo para iniciar este processo. Até à data, não existe informação fiável que descreva as condições suficientes para o funcionamento do reator. **Sobre canais profundos (vulcões) de migração de fluidos e matéria mineral.** Os resultados do trabalho experimental já realizado nesta direção podem ser resumidos da seguinte forma.

1. Em várias regiões do mundo foram encontrados numerosos canais profundos (vulcões), preenchidos com rochas sedimentares dos grupos 1-6, 7, 8, 9, 10 e 11 (sal), bem como rochas ígneas dos grupos 1 (granitos), 6 (basaltos), 7 (rochas ultramáficas) e 11 (kimberlitos).

2. As raízes dos canais profundos (vulcões) preenchidos com rochas sedimentares, ígneas e metamórficas dos grupos acima referidos estão quase sempre fixadas a profundidades de 996 km, 723 km, 470 km, 195-217 km e 95 km. O intervalo 195-217 km é uma camada do estado líquido (plástico) das rochas.

3. Os vulcões com raízes no intervalo 195-217 km podem ser considerados como vulcões de lama "jovens". A atividade deste tipo de vulcão é atualmente observada.

4. As estruturas vulcânicas com raízes a profundidades de 996 km, 723 km e 470 km podem ser classificadas como "antigas".

5. A presença de estruturas vulcânicas com raízes a várias profundidades sugere os processos de ativação destas regiões que ocorreram em épocas diferentes.

Sobre a relação das acumulações de hidrocarbonetos com canais profundos (vulcões) de vários tipos. No processo de realização de numerosos estudos nas áreas de campos de petróleo e gás conhecidos, áreas de prospeção e locais de perfuração exploratória, verificou-se que as respostas (sinais) nas frequências ressonantes do petróleo, condensado e gás são registadas apenas nas áreas de localização dos canais (vulcões), preenchidas com determinados grupos de rochas sedimentares e ígneas.

Os resultados dos trabalhos experimentais efectuados em várias regiões permitem-nos fundamentar suficientemente as seguintes afirmações.

1. Nos canais de profundidade (vulcões), preenchidos com rochas sedimentares dos grupos 1-6, os sinais (respostas) são quase sempre registados nas frequências de ressonância dos hidrocarbonetos. Em muitos casos, as respostas nas frequências de ressonância do âmbar também são registadas nos contornos desses canais.

2. Nos vulcões, preenchidos com o 7º grupo de rochas sedimentares (carbonatos, calcários), os sinais nas frequências do petróleo, condensado e gás são também quase sempre registados. No entanto, as respostas do âmbar nestes vulcões não são registadas.

3. Nas zonas de estruturas vulcânicas cheias de sal, em muitos casos,

as respostas são igualmente registadas nas frequências de ressonância dos hidrocarbonetos.

4. Em complexos vulcânicos preenchidos com rochas sedimentares do 8º grupo (dolomites), 9º grupo (margas) e 10º grupo (rochas siliciosas), nunca foram registadas respostas nas frequências do petróleo, do condensado e do gás!

5. Nas áreas de pesquisa em que são registadas respostas de HC, um limite de 57 km é quase sempre fixado dentro (nas partes centrais, muito provavelmente) de canais (vulcões) de migração profunda de fluidos, minerais e elementos químicos. Abaixo deste limite, as respostas são registadas nas frequências do hidrogénio e do carbono, acima das frequências do petróleo, do condensado e do gás.

6. Sinais de hidrocarbonetos em granitos, inclusive na superfície de 57 km, também foram recebidos em áreas dos vulcões pesquisados, preenchidas com rochas de granito. Estes resultados indicam uma possível síntese de hidrocarbonetos em alguns tipos de vulcões de granito. Os locais pesquisados nas áreas de localização dos maciços graníticos reabastecem a base de objectos (vulcões graníticos) nos quais existem condições para a síntese de hidrocarbonetos.

7. Recentemente, em algumas áreas, foram registadas respostas de HC a partir de intervalos de achados de rochas ultramáficas.

Além disso, podemos acrescentar o seguinte:

1. Os resultados de estudos efectuados em várias regiões do mundo permitem concluir que as zonas de extração e de achados de âmbar devem ser consideradas promissoras para a organização de pesquisas de hidrocarbonetos.

2. Uma quantidade significativa de experiências em áreas de depósitos de sal mostrou que, dentro dos seus limites, os sinais de óleo também são registados.

3. No processo de teste dos métodos de prospeção direta, as respostas dos hidrocarbonetos foram também repetidamente registadas nas bacias carboníferas a partir dos horizontes (intervalos) da secção transversal, situados abaixo dos estratos carboníferos (incluindo a profundidades suficientemente grandes).

Sobre a eficácia da prospeção e exploração de petróleo e gás. No processo de trabalho experimental adicional (medições instrumentais) realizado no local de perfuração do poço, foi desenvolvida uma técnica para a deteção de reservatórios de petróleo muito pequenos (com volumes não comerciais de petróleo) na secção transversal, bem como para as profundidades do seu leito.

Os resultados das experiências mostram que, em zonas com depósitos finos de hidrocarbonetos, as medições instrumentais devem ser efectuadas tendo em conta o fator tempo.

Dentro das áreas e blocos prospectivos para a deteção de hidrocarbonetos, identificados na fase de avaliação integrada do seu potencial de petróleo e gás, utilizando métodos de FR de imagens de satélite e processamento de fotografias, é aconselhável a realização de estudos detalhados que permitam:

a) detetar e localizar nos blocos e áreas zonas anómalas locais de fixação de respostas (sinais) nas frequências de ressonância do petróleo, condensado e gás;

b) nos contornos das zonas anómalas mapeadas utilizando o método de varrimento vertical da secção transversal, determinar (e refinar utilizando um passo de varrimento mais pequeno) a profundidade dos intervalos de resposta nas frequências ressonantes do petróleo, gás e condensado;

c) nos intervalos de respostas em frequências HC, determinar os tipos de rochas reservatório;

d) estabelecer que tipos de rochas são pneus para os intervalos de resposta detectados nas frequências ressonantes do petróleo, condensado e gás.

Os estudos realizados em locais de perfuração de exploração de petróleo e gás em várias regiões do mundo confirmam a viabilidade de trabalhos adicionais realizados com métodos de prospeção direta utilizados na escolha de locais para o seu penhor. A tecnologia móvel comprovada de processamento FR de imagens e fotografias de satélite é recomendada para utilização prática em países europeus (bem como noutras regiões do mundo) para avaliar preliminarmente as perspectivas de conteúdo de petróleo e gás e de minério de blocos de pesquisa e locais pouco estudados e inexplorados.

Projeto de petróleo e gás. Os resultados da aprovação e da aplicação prática da tecnologia de prospeção direta de imagens de satélite e de processamento de fotografias FR permitem-nos concluir razoavelmente que a sua utilização orientada durante a procura e exploração de depósitos de petróleo e gás pode acelerar e otimizar significativamente o processo de exploração [53, 54].

2.3. Projeto de levantamento de reconhecimento do território da Ucrânia

Fig. 2.6. Disposição dos locais de inquérito ao longo do perfil sísmico TESZ-2021 numa imagem de satélite do território da Ucrânia.

2.3.1. Áreas de levantamento FR ao longo do perfil sísmico TESZ-2021 [135].

As imagens de satélite de fragmentos do território nas zonas onde se situa o perfil 2021 (contornos rectangulares ao longo do perfil) são apresentadas na Fig. 2.6.

Território da Ucrânia. Secção 1 (Fig. 2.6). No processamento FR de um fragmento de uma imagem de satélite da superfície, foram registados sinais nas frequências de petróleo, condensado, gás, xisto betuminoso, antracite, hidrogénio, bactérias de hidrogénio, etc.

Na superfície de 0 m da parte superior da secção, não foram registadas respostas do hidrogénio e do fósforo, o que indica a ausência da sua migração para a atmosfera. Na superfície de 24 m da parte superior da secção, foram registadas respostas do 1º e 10º grupos (siliciosos) de rochas sedimentares. As rochas siliciosas são um excelente vedante ("ideal") para o hidrogénio. Isto é evidenciado pela ausência de migração de hidrogénio para a atmosfera no local do estudo. No processo de varrimento da secção a partir da superfície, foram registadas respostas em frequências de petróleo nos seguintes intervalos: 1) 775-820m; 2) 1600-1700m; 3) 2140-2320m, 4) 2670-(2780-intensa)-2900m, 5) 3120-(3300-intensa)-3450m, 6) 3930-(4120-intensa) -(4300-muito intensa)-4550m (até 5 km traçados). Foram também registadas respostas de petróleo, condensado e gás nas partes inferiores da secção a profundidades de 5 km e 10 km.

Na superfície de síntese de hidrocarbonetos, a 57 km, foram recebidos sinais de petróleo, condensado e gás.

Secção 3 (Fig. 2.6). Foram registados sinais da superfície nas frequências de petróleo, condensado, gás, dióxido de carbono, fósforo (vermelho, amarelo), xisto betuminoso, antracite, hidrogénio e bactérias de hidrogénio. Foram também registados sinais de 1-6 grupos de rochas sedimentares e 6º (basaltos) e 14 grupos de rochas ígneas. As raízes dos vulcões dos grupos 1 -6 de rochas sedimentares e basaltos foram registadas a uma profundidade de 470 km, e as respostas dos granitos (antigos) foram obtidas no intervalo 470-996 km.

Na superfície de síntese de hidrocarbonetos de 57 km, foram recebidas respostas de petróleo, condensado, gás e fósforo (amarelo); a uma profundidade de 11 km, não foram registados sinais de petróleo. Na superfície de 0 m da parte superior da secção, foram registados sinais nas frequências de hidrogénio (baixa intensidade), oxigénio, azoto, fósforo vermelho (baixa intensidade), gás (metano) e dióxido de carbono, o que indica a sua migração para a atmosfera.

Ao varrer um intervalo de 0-5000 m com um passo de 1 m, foram obtidas respostas nas frequências de gás dos seguintes horizontes de secção: 1) 350-390 m, 2) 1410-1830 m, 3) 2590-(2800-2900-intensa)-3040 m, 4) 4060-(4200-intensa) (4460-intensa) - 4610m.

Secção 5. No processo de processamento de ressonância de frequência de um fragmento de uma imagem de satélite da superfície, foram registados sinais nas frequências de petróleo, condensado, gás, dióxido de carbono, bactérias oxidantes de metano, fósforo (vermelho, preto, amarelo), hidrogénio, bactérias de hidrogénio, ouro, grafite, coesite, basaltos profundos, lonsdaleite, sal de potássio e magnésio.

Foram registados sinais do primeiro (granitos jovens e antigos), sexto (basaltos), sétimo (ultramáficos), 15 e 16 grupos de rochas ígneas. A raiz do vulcão de granito é determinada a uma profundidade de 996 km, com basaltos e rochas ultramáficas - a 723 km. Além disso, a partir de intervalos de 218-723 km, foram obtidas respostas de margas e rochas siliciosas.

À superfície de 57 km, foram recebidas respostas de petróleo, condensado, gás e fósforo (castanho, preto).

Na superfície de 0 m da parte superior da secção, foram recebidas respostas de gás, fósforo (vermelho, preto, castanho), oxigénio e azoto; há migração de gases para a atmosfera.

Os sinais em frequências de óleo foram registados na superfície dos granitos (jovens) e das rochas ultramáficas. O bordo superior dos basaltos foi determinado por varrimento com um passo de 1 m a uma profundidade de 85 m. A esta profundidade, foram obtidas respostas de azoto, oxigénio, granitos (jovens e velhos) e rochas ultramáficas da parte superior da secção.

Secção 7. Durante o processamento FR de um fragmento de uma imagem de satélite da superfície, foram registados sinais nas frequências de óleo, condensado, gás, âmbar, dióxido de carbono, bactérias oxidantes de metano, fósforo (vermelho, amarelo, branco), xisto betuminoso, antracite, hidrogénio, bactérias de hidrogénio, sal cloreto de sódio. Foram registados sinais de 1-6, 10 (siliciosos) grupos de rochas sedimentares e 6 (basaltos), e 14 grupos de rochas ígneas.

Ao registar as respostas a várias profundidades, as raízes dos complexos vulcânicos preenchidos com 1-6 grupos de rochas sedimentares e basaltos foram determinadas a uma profundidade de 470 km, e com sal e rochas siliciosas - 723 km. As respostas dos granitos (antigos) foram obtidas no intervalo 723-996 km.

Na superfície de 0 m da parte superior da secção, foram registados sinais de hidrogénio, fósforo (vermelho, amarelo), dióxido de carbono, oxigénio e azoto (há migração de gases para a atmosfera).

Ao varrer a secção com um passo de 10 cm, o bordo superior dos basaltos foi registado a uma profundidade de 312 m. À superfície de 310 m, foram recebidas respostas de sal, 1-6, 8, 10 grupos de rochas sedimentares e hidrogénio da parte superior da secção.

Ao varrer o intervalo 0-5000 m com um passo de 50 cm, foram obtidas respostas nas frequências de gás dos seguintes horizontes: 1) 730-(900-intensivo)-1130 m, 2) 1350-(1490-intensivo)-1530 m, 3) 1840-(2000intensivo) -(2260-intensivo muito até 2400)-(2590-intensivo muito)-2730 m, 4) 3265-(3440-intensivo)-(3540-intensivo)-3830 m, 5) 4440-(4520 - intenso)-4700 m.

Foram também obtidas respostas do gás a profundidades de 5 km, 10 km e 12 km. Na superfície da possível síntese de hidrocarbonetos a 11 km, não se registaram respostas do gás.

Foram obtidos sinais em frequências de gás a partir do sal à superfície a 57 km; não se registaram respostas a profundidades de 46 km e 11 km.

Secção 8. Ao processar um fragmento de uma imagem de satélite da superfície, foram registados sinais nas frequências de petróleo, condensado, gás, dióxido de carbono, bactérias oxidantes de metano, fósforo (vermelho, amarelo), xisto betuminoso, antracite, hidrogénio, bactérias de hidrogénio, etc.

Foram registados sinais do 1° ao 6°, 7° (calcários), 8° (dolomite), 9° (margas), 10° (siliciosos) grupos de rochas sedimentares, bem como do 6° (basaltos) e 14° grupos de rochas ígneas.

As raízes dos vulcões cheios de calcários, dolomites e margas são registadas a uma profundidade de 723 km, 1 -6 e 10° grupos (siliciosos) de rochas sedimentares - a 470 km, basaltos - a 99 km, e nos intervalos 99-723 km e 723- 996 km foram recebidas respostas de sal e granitos (antigos), respetivamente.

Ao fazer a varredura a partir da superfície de um intervalo de 0-5000 m com um passo de 50 cm, foram obtidas respostas nas frequências de gás dos seguintes horizontes de secção: 1) 250-530 m, 2) 1830-2150 m, 3) 2800-3200 m, 4) 3895-4350 m, 5) 4720 -4950m.

Foram também obtidas respostas de gás na parte inferior da secção a profundidades de 5 km, 10 km e 12 km. Na superfície do limite inferior da síntese de hidrocarbonetos a 57 km, foram obtidas respostas de petróleo, condensado e gás.

Secção 11 (Fig. 2.6). Ao processar um fragmento de uma imagem de satélite da superfície, foram registados sinais nas frequências de petróleo, condensado, gás, dióxido de carbono, bactérias oxidantes de metano, fósforo (vermelho, amarelo), xisto betuminoso, antracite, hidrogénio, bactérias de hidrogénio, diamantes, basaltos profundos, lonsdaleite, sal de potássio magnésio

Foram registadas respostas dos grupos 1-6, 8 (dolomitos), 9 (margas), 10 (siliciosos) de rochas sedimentares, bem como dos grupos ígneos 6 (basaltos), 7 (ultramáficos), 8, 9, 10, 11 (kimberlitos), 12, 13, 14, 15, 16, 17 e 18.

As raízes dos vulcões cheios de dolomitas, margas, rochas siliciosas, basaltos, rochas ultramáficas e kimberlitos foram registadas a uma profundidade de 723 km, 1-6 grupos de rochas sedimentares - a 470 km, as respostas dos granitos (antigos) foram obtidas no intervalo 470-996 km.

A borda superior dos basaltos foi registada por varrimento com um passo de 10 cm a uma profundidade de 26 m. À superfície de 0 m da parte superior da secção, foram registados sinais de fósforo (amarelo e vermelho), dióxido de carbono, gás (metano), azoto, oxigénio, carbono e hidrogénio (há migração de gases para a atmosfera).

O bordo superior dos kimberlitos foi determinado por varrimento com um passo de 10 cm a uma profundidade de 62 m. Ao varrer a partir de 50 m, passo de 10 cm, as respostas em frequências de diamante começaram a ser registadas a partir de 95 m.

Os sinais de petróleo, condensado e gás foram registados na superfície de síntese de hidrocarbonetos de 57 km.

Ao varrer uma secção desde a superfície até 5000 m, passo 50 cm, foram obtidas respostas nas frequências de gás nos seguintes intervalos: 1) 700-(1030-intensa)-1100m, 2) 1530-(1850-1900-muito intensa)-1970m, 3) 2280-(2370-intensa)-2460m, 4) 2530-2720m, 5) 3400-(3600-intensa)- 3660m, 6) 3780-4070m, 7) 4310-(4450-intensa)-4510m, 8) 4550-4615m, 9) 4730-(4830-intensa)-4880m.

Foram também obtidas respostas de gás na parte inferior da secção a superfícies (profundidades) de 5 km, 10 km e 12 km.

Secção 12 (Fig. 2.6). Ao processar um fragmento de uma imagem de satélite da superfície, foram registados sinais nas frequências de óleo (baixa intensidade), gás (baixa intensidade), bactérias oxidantes de metano (baixa intensidade), fósforo (preto), hidrogénio (baixa intensidade), lonsdaleite (baixa intensidade), sal de potássio e magnésio (baixa intensidade). Foram recebidas respostas dos grupos 1-6, 10 (silicioso) de rochas sedimentares, e dos grupos 7 (ultramáfico) (baixa intensidade, 7 s), 8, 9, 10 e 15 de rochas ígneas. As raízes dos vulcões de rochas siliciosas e ultramáficas foram registadas a uma profundidade de 723 km, e as respostas dos granitos (antigos) foram obtidas no intervalo 470996 km.

Na superfície de 57 km, foram registados sinais de petróleo, condensado, gás e fósforo negro.

A uma profundidade de 680 m, as respostas de petróleo, condensado e gás foram recebidas sem demora.

Ao varrer uma secção desde a superfície até 5000 m, passo 50 cm, foram obtidas respostas em frequências de gás nos seguintes intervalos: 1) 780-(1320-intensa)-1550m, 2) 2105-(2300-intensa)-2415m, 3) 2540-(2900-intensa)-2950m, 4) 3020-(3150-intensa)-3210m, 5) 3680-(3930-intensa)-3995m, 6) 4170-4460m.

Sinais nas frequências de óleo, condensado e gás foram registados na parte inferior da secção a superfícies de 5 km, 10 km e 15 km. Neste caso, foram recebidas respostas intensas de petróleo a uma profundidade de 5 km e sinais fracos de gás a uma profundidade de 15 km.

Secção 13 (Fig. 2.6). Ao processar um fragmento de uma imagem de satélite da superfície, foram registados sinais nas frequências de petróleo, condensado, gás, bactérias oxidantes de metano, fósforo (vermelho, amarelo), xisto betuminoso, antracite, hidrogénio, bactérias de hidrogénio, mercúrio, ouro, coesite e basaltos profundos. Foram registadas respostas dos grupos 1-6, 8 (dolomite), 9 (margas), 10 (siliciosas) de rochas sedimentares, bem como dos grupos 1 (granitos jovens), 6 (basaltos) de rochas ígneas.

As raízes dos vulcões cheios de dolomitas, margas e rochas siliciosas são registadas a uma profundidade de 218 km, 1 -6 grupos de rochas sedimentares - a 470 km, basaltos - a 723 km, granitos - a 996 km, e a partir dos intervalos, 99-723 km e 218- 723 km foram recebidas respostas de sal e kimberlitos.

Na superfície de 0 m da parte superior da secção, foram recebidos sinais nas frequências de gás, dióxido de carbono, fósforo (vermelho e amarelo), azoto, oxigénio, carbono e hidrogénio (há migração de gases para a atmosfera).

Foram registadas respostas de petróleo, condensado e gás na superfície de 57 km. Ao varrer uma secção desde a superfície até 5000 m, passo 1 m, foram obtidas respostas em frequências de gás nos seguintes intervalos: 1) 232-(370-400-intensa) -(560-muito intensa)-801m, 2) 1150-(1700 - muito intensa)-1930m, 3) 2650-2800m, 4) 3690-(4100-intensa)-4400m.

As respostas de gás foram registadas na parte inferior da secção a profundidades de 5 km, 10 km e 15 km.

Secção 15 (Fig. 2.6). Ao processar um fragmento de uma imagem de satélite da superfície, foram registados sinais nas frequências de petróleo, condensado, gás, dióxido de carbono, bactérias oxidantes de metano, fósforo, xisto betuminoso, antracite, azoto, mercúrio, ouro, coesite, sal de cloreto de sódio. Foram registadas respostas de sal, 1-6, 10º (silicioso) grupos de rochas sedimentares, bem como 1º (granitos jovens) grupos de rochas ígneas. As raízes dos vulcões cheios de sal e rochas siliciosas são registadas a uma profundidade de 723 km, 1-6 grupos de rochas sedimentares - a 470 km, e granitos - a 996 km. A uma profundidade de 57 km, foram registadas respostas nas frequências de petróleo, condensado e gás. Na superfície de 0 m da parte superior da secção, registam-se respostas de gás, dióxido de carbono, fósforo (castanho, branco, amarelo), azoto, oxigénio e carbono (há migração de gases para a atmosfera). Na superfície de 57 km, foram registadas as respostas do óleo, do sal e de 1-6 grupos de rochas sedimentares e granitos.

As respostas da superfície (até 5000 m, passo 1 m) nas frequências de gás foram obtidas nos seguintes intervalos: 1) 415-(620-intensa) -(730-muito intensa)-865m, 2) 1060-(1240-intensa)-1500m, 3) 2630-(2840-intensa)- 3050m, 4) 3650-3840-4190-4570m.

As respostas de gás foram registadas na parte inferior da secção a profundidades de 5 km, 10 km e 15 km.

Secção 17 (Fig. 2.6). Os sinais foram registados à superfície nas frequências de petróleo, condensado, gás, bactérias oxidantes de metano, fósforo (amarelo), bem como no 7º (calcário), 9º (margas) e 10º (silicioso) grupos de rochas sedimentares.

Ao varrer uma secção desde a superfície até 5000 m, passo 1 m, foram obtidas respostas em frequências de gás nos seguintes intervalos: 1) 890-1180 m, 2) 1990-2220 m, 3) 2465-2600 m, 4) 4035-4150 m, 5) 4530-4665 m.

As respostas de gás foram registadas na parte inferior da secção a profundidades de 5 km, 10 km e 15 km.

Na superfície de síntese de hidrocarbonetos de 57 km, foram registadas respostas de petróleo, condensado, gás e fósforo (amarelo).

Os resultados da investigação apresentados confirmam as conclusões sobre a migração em grande escala de gás e hidrogénio profundos (abiogénicos) para a atmosfera.

As respostas nas frequências de petróleo, condensado e gás foram registadas nos contornos de três vulcões preenchidos com rochas sedimentares dos grupos 1-6, um vulcão de granito e um complexo vulcânico com calcários. Nos restantes 7 locais de pesquisa, foram descobertas estruturas vulcânicas, nas quais nunca foram registadas respostas nas frequências de petróleo, condensado, gás e hidrogénio

Juntamente com o perfil sísmico de 2021 na Ucrânia, o estudo foi efectuado em 18 áreas. Foram registados sinais nas frequências de petróleo, condensado e gás em 8 locais em complexos vulcânicos preenchidos com rochas sedimentares dos grupos 1-6 e em 2 locais em vulcões de calcário. Foram também obtidas respostas de hidrocarbonetos em alguns vulcões preenchidos com sal, granitos e rochas ultramáficas. Um vulcão de kimberlito com diamantes foi também descoberto na área do perfil.

2.3.2. Área do campo de condensados de gás de Shebelinsky (SHGCF) [138]. Neste depósito bem conhecido, foi efectuado o teste da tecnologia modificada de processamento de dados FR da DDB para identificar novas áreas promissoras localizadas perto do depósito.

Nesta área, existem respostas anómalas nas frequências de ressonância do petróleo, gás e condensado. No centro da zona anómala local, foram registados feedbacks anómalos nas frequências de ressonância do petróleo no intervalo de profundidade de 5640.0-6080.0 m, gás - 3100.0-13000.0 m, condensado - 3100.0-13200.0 m. Foi mapeada como uma zona anómala com uma área de 224,5 km^2 do tipo "gás+condensado" de acordo com os resultados dos estudos FR rs na área da localização do SHGCF (Shebelinsky GasCondensate Field).
Sete zonas anómalas separadas com uma área total de 259,9 km^2 , maior do que a área da zona anómala acima do depósito, foram adicionalmente descobertas e mapeadas nas regiões adjacentes ao GCF Shebelinsky, e foi encontrada uma zona anómala local com um valor de pressão de reservatório elevado de 280 MPa [62].

Os factos da descoberta de canais verticais de migração de

fluidos profundos permitem-nos falar mais razoavelmente sobre a realidade do processo de restauração de recursos de depósitos de petróleo e gás (1800 milhões de m³ anualmente) que estão a ser desenvolvidos e podem estar relacionados com a desgaseificação de hidrogénio da Terra.

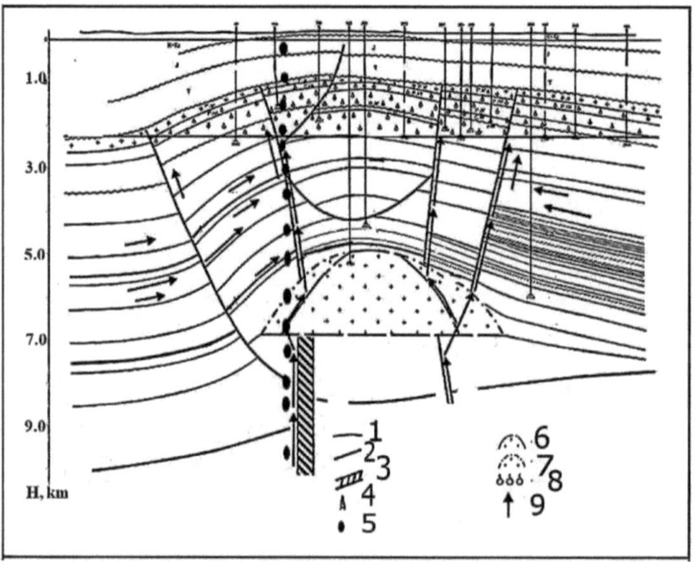

Fig. 2.7. Perfil esquematizado através da SHGCF com os possíveis caminhos dos fluxos de gás de acordo com [23, simplificado]; 1-Limites estratigráficos; 2-Horizontes de reflexão sísmica; 3-Distúrbios tectónicos; 4-Poços perfurados; 5-Gás possível (por dados de FR); 6-O contorno do corpo de sal (posição certa); 7-Posição incerta; 8-Capacidade de gás estabelecida; 9-Vias de migração de HC.

Recentemente, foi processada adicionalmente uma imagem de satélite nesta área (Fig. 2.7). Foram recebidas respostas de petróleo, condensado, gás, âmbar, xisto betuminoso, brecha de argilito, hidratos de gás, carvão, antracite, hidrogénio (forte), água e sal. São igualmente registados os sinais dos grupos 1-6 e 7 de rochas sedimentares, bem como do sexto grupo de rochas ígneas (basaltos).

Ao varrer a secção a partir da superfície, foram registadas respostas de frequência de gás nos seguintes intervalos: 1) 390 - (900 - forte) (2 km - muito forte) - 2250m; 2) 2410 - (4 km - muito forte até 4600) - 4750m; 3) 7600 - (forte) - 8870m; 4) 13890-15200m.

Estes resultados estão de acordo com a sugestão de que existem fontes adicionais de gás em profundidade que podem dar uma produção anual de gás ao nível de cerca de 1,8-1,9 mil milhões de m³ /ano durante 20 anos [23] e com os dados mais recentes sobre a perfuração em profundidade nesta região.

2.3.3. Área do campo de condensados de gás de Kobzev [139]. Foram registadas as respostas do condensado e do gás (forte). A raiz do canal (vulcão), preenchido com o 7° grupo de rochas sedimentares, foi determinada a uma profundidade de 723 km. As respostas em frequências de gás (a partir da superfície) foram registadas a partir dos seguintes intervalos: 1) 4360-4430m; 2) 4825-4890m; 3) 5810-5880m; 4) 6260 - (forte) - 6470m; 5) 6690 - (forte) (ainda mais forte) (muito forte) (7300 - mais intenso) (8.3 muito forte) - 8750m; com um passo de 5 m após 10 km, 6) 12700 - (forte) - 14200 m (seguido até 15 km). Na superfície de 56 km, foram registadas respostas de condensado (fraco) e de gás, mas não de petróleo.

De acordo com os resultados anteriores da VERZ de estudos de reconhecimento no campo de condensados de gás de Kobzev, o horizonte mais poderoso do tipo "gás" está localizado no intervalo 6200-6650 m.

2.3.4. Área do campo de condensados de gás de Semirenkovsky [139]. O petróleo, o gás e o 7° grupo de rochas sedimentares (carbonatos) foram recebidos (da superfície) a partir de uma imagem de satélite do local de localização do poço. O registo de respostas de carbonatos (o 7º grupo de rochas sedimentares) estabeleceu que o poço está localizado dentro do canal (vulcão) destas rochas com uma raiz de 470 km.

Na secção transversal do troço, não foram recebidos sinais de petróleo até 7 km. Ao fazer a varredura a partir de 7 km, um passo de 5 m, as respostas do óleo são obtidas nos intervalos: 1) 7650 - (forte) - 8150 m; 2) 8300 - (forte, muito forte) - 9000m (rastreado até 15 km).

Na fase final do trabalho, foi efectuado o processamento de uma imagem de satélite de todo o território do depósito. Os sinais de petróleo, condensado, gás, xisto betuminoso, antracite, hidrogénio e sal foram recebidos da superfície da área estudada.

A presença de petróleo em sais, nos grupos 1-7 de rochas sedimentares, bem como no 7º grupo de rochas ígneas foi estabelecida. Também se obtiveram respostas de petróleo na superfície de 57 km.

Os intervalos de resposta de frequência do petróleo de diferentes grupos de rochas foram determinados por varrimento da secção a partir da superfície. Em particular, as respostas do petróleo e do sal são obtidas a partir dos seguintes intervalos: 1) 510-1190m; 2) 2285-2890m; 3) 4840-6040m; 4) 7580-8620 m (rastreados até 15 km).

Os sinais de petróleo do 2º grupo de rochas sedimentares são obtidos para os intervalos: 1) 520-950m; 2) 1300-2770m; 3) 4480-5850m; 4) 8150-10450m;

5) 10980-13410 m (até 15 km de traçado). As respostas de petróleo do 7º grupo de rochas sedimentares são registadas nos intervalos: 1) 7070

- (forte) (muito forte) - 8240 m; 2) 8450 - (muito forte) - 9310 m.

Os sinais de petróleo do 7° grupo de rochas ígneas são obtidos a partir dos intervalos: 1) 540 - (forte -2400) - 2800m; 2) 4260-4950m, 3) 5670 - (forte) (muito forte - 8km) - 10950m; 4) 14200-15440m (mais não traçado).

Os sinais de petróleo de todos os grupos de rochas (avaliação integral) foram obtidos nos intervalos: 1) 540 - (5600-9800 forte) (muito forte) - 10380m; 2) 1095015520m.

2.3.5. Sul da Ucrânia. Foram descobertos quatro complexos vulcânicos no território da Área Prospetiva de Petróleo e Gás de Dnipro (Fig. 2.8), nos quais os hidrocarbonetos são sintetizados a uma profundidade de 57 km [139].

Em geral, os resultados da investigação confirmam as suposições dos autores de trabalhos geológicos e geofísicos sobre a migração de hidrocarbonetos na área a partir dos horizontes profundos da secção nesta área do Mar Negro.

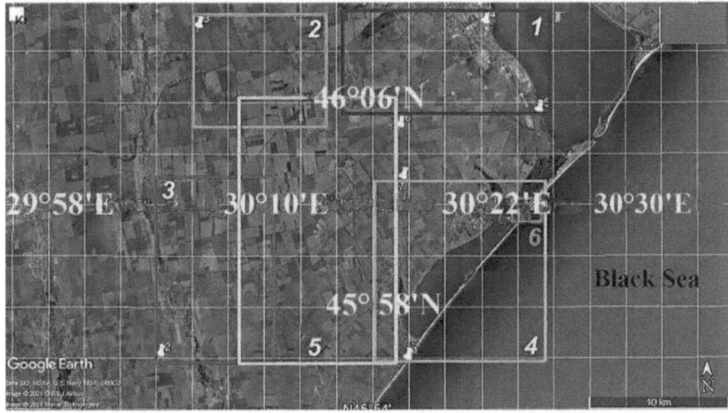

Fig. 2.8. Imagens de satélite das localizações da zona de Prydnistrovska.

Quatro das cinco áreas locais estudadas na zona de Pridnestrovska (Fig. 2.8) são promissoras para a realização de trabalhos de prospeção pormenorizados para identificar e localizar acumulações industriais de petróleo e gás.

Os resultados do estudo das zonas locais e das grandes zonas indicam a viabilidade da utilização de métodos e tecnologias de prospeção direta para avaliar o potencial de petróleo e de gás dos grandes blocos de exploração e das zonas locais (incluindo as que são postas em leilão), selecionando as melhores localizações (sítios) para os poços de prospeção, exploração e produção, avaliando as perspectivas de descoberta de depósitos de petróleo e de gás nos horizontes da secção, procurando e localizando as zonas de canais profundos de migração de fluidos.

2.4. Zonas do mar Mediterrâneo. Utilizamos a tecnologia FR para duas zonas (SP1 e SP2) de prospeção de gás e petróleo em estudo nesta região (Fig. 2.9).

A zona SP1. A tecnologia de prospeção direta FR foi testada no local de perfuração de um poço de prospeção no offshore do Líbano. As imagens de satélite da área de localização do Bloco 4 e do local de perfuração do poço foram processadas utilizando a tecnologia FR antes do início da perfuração do poço. Alguns resultados foram obtidos nos anos 2015-2020, e agora reproduzimos os novos dados de FR na prospeção do Bloco 9 e do Bloco 4 no offshore do Líbano e no campo de gás Leviathan no offshore de Israel [28, 68, 102,120].

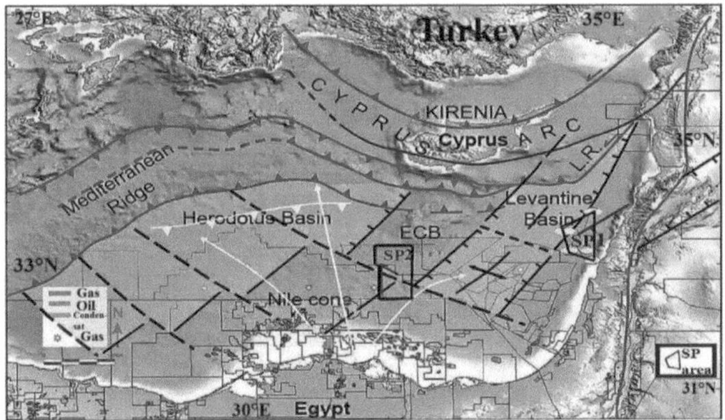

Fig. 2.9. Zonas FR (SP1 e SP2) no mar Mediterrâneo [28, simplificado].

2.4.1. Bloco-9 ao largo do Líbano. A posição do Bloco 9 no offshore é mostrada nas Figs. 2.10-2.12. Durante o processamento de uma imagem de satélite da totalidade da imagem, as respostas (sinais) de petróleo, condensado, gás, hidrogénio e sal não foram registadas e concluímos que a probabilidade de obter entradas de fluidos comerciais (petróleo, condensado e gás) num poço perfurado no Bloco 9 **é igual a zero.**

Fixando as respostas do 7° grupo de rochas ígneas (ultramáficas), o limite inferior destas rochas é determinado a uma profundidade de 195 km.

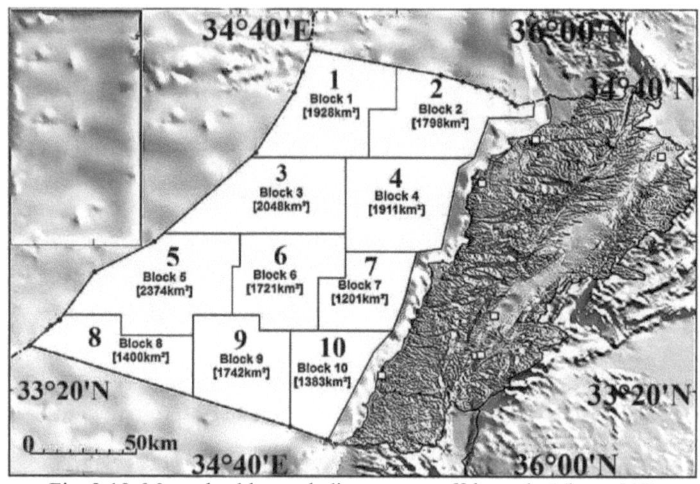

Fig. 2.10. Mapa dos blocos de licenças no offshore do Líbano [68]

2.4.2. Bloco 4 ao largo da costa do Líbano. Esta parte do documento apresenta os resultados de uma avaliação integrada das perspectivas de obtenção de influxos comerciais de petróleo, condensado e gás num poço perfurado no Bloco 4 no offshore do Líbano. Afirmamos que a probabilidade de obter influxos comerciais de fluidos no poço perfurado no Bloco 4 **é próxima de zero**. Esta previsão foi confirmada pelos resultados da perfuração de poços [33, 49, 101].

2.4.3. Campo de gás Leviathan. Os depósitos de hidrocarbonetos conhecidos (incluindo o campo de gás Leviathan) no Mar Mediterrâneo oriental são mostrados na Fig. 2.11. Durante o processamento de ressonância de frequência de uma imagem de satélite sobre um campo de gás conhecido do Leviathan, foram registadas respostas nas frequências de petróleo, condensado e gás. Os resultados do processamento de um fragmento da imagem indicam que o campo Leviathan também está localizado dentro de um canal (vulcão),

46

preenchido com rochas ultramáficas, com uma raiz a uma profundidade de 723 km.

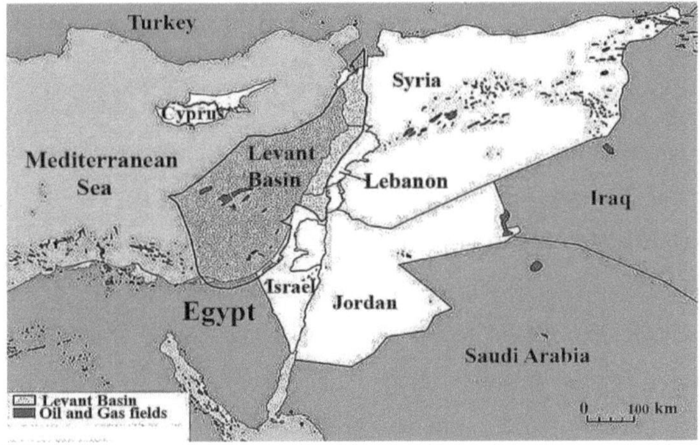

Fig. 2.11. Mapa esquemático dos depósitos de hidrocarbonetos na parte oriental do Mar Mediterrâneo [66].

No campo Leviathan, a produção comercial de gás está em curso [13]. Os resultados do levantamento de reconhecimento das localizações dos poços perfurados "secos" [65, 66, 110, 116] mostraram que quase todos eles se situam nos contornos de complexos vulcânicos, nos quais não existem condições para a síntese de hidrocarbonetos.

A baixa eficiência da prospeção de petróleo e gás é razoavelmente justificada pelos resultados das medições instrumentais por métodos de prospeção direta [110].

2.4.4. Bloco 23 com um poço exploratório na estrutura Hercules (Mar Mediterrâneo ao largo de Israel). Os sinais nas frequências de

HC (petróleo, condensado e gás), bactérias oxidantes de metano e fósforo não foram registados durante o processamento de FR de um fragmento de uma imagem de satélite de um local de perfuração . Apenas foram registadas respostas nas frequências do 10º grupo (silicioso) de rochas sedimentares na área local [119].

Devido à ausência de sinais nas frequências de petróleo, condensado e gás no local do estudo, não foi efectuado qualquer processamento adicional das imagens de satélite.

Resultados do levantamento de reconhecimento (Fig. 2.12). Posteriormente, foi efectuado o processamento de FR de três fragmentos de imagem no Bloco 23. Dentro da área de estudo, foram também registadas respostas nas frequências do 7º (calcário), 8º (dolomite) e 10º (silicioso) grupos de sedimentos

rocks.

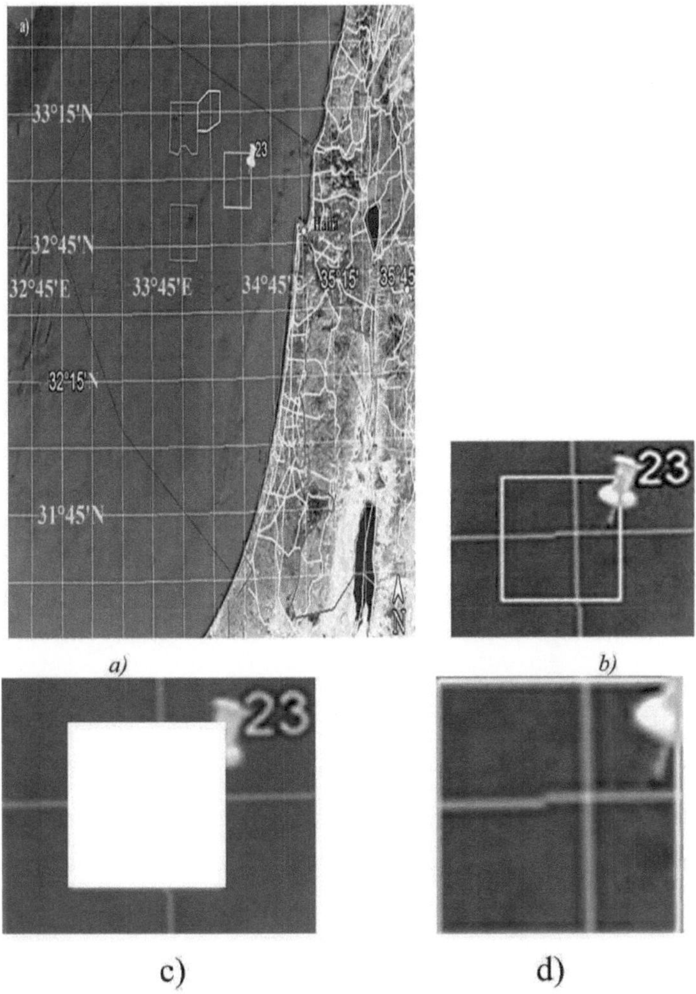

Fig. 2.12. Localização do Bloco 23 com um poço de prospeção na estrutura Hercules no Mediterrâneo, ao largo de Israel.

Durante o processamento de frequência-ressonância de um

fragmento de uma imagem de satélite de uma grande área com o Bloco 23 na Fig. 2.12,b **são fixados** sinais nas frequências de HC (petróleo, condensado e gás), bactérias oxidantes de metano e fósforo (amarelo). Dentro da área de estudo, foram também registadas respostas nas frequências do 7º (calcário), 8º (dolomite) e 10º (silicioso) grupos de rochas sedimentares. Ao processar apenas a imagem de satélite do Bloco 23 (Fig. 2.12,c), **não** foram registadas respostas nas frequências de petróleo e gás durante 90 s. Apenas foram registadas respostas nas frequências do grupo 10th (silicioso) de rochas sedimentares.

Durante o processamento de frequências de ressonância de um fragmento de uma imagem de satélite de uma grande área com um entalhe do Bloco 23 na Fig. 2.12,d **são fixados** sinais nas frequências de HC (petróleo, condensado e gás), bactérias oxidantes de metano e fósforo (amarelo). Foram também registadas respostas nas frequências do 7º (calcário), 8º (dolomite) e 10º (silicioso) grupos de rochas sedimentares.

Principais conclusões: 1. **Não** foram registadas **respostas** nas frequências de hidrocarbonetos (petróleo, condensado e gás) e bactérias oxidantes de metano no local de perfuração de um poço no Bloco 23; **o poço perfurado na estrutura Hércules será "seco".** 2. A perfuração de poços exploratórios no Bloco 23 na Fig. 2.12, c é inadequada. 3. Os resultados da prospeção de reconhecimento com métodos de prospeção direta de imagens de satélite e de fotografias de processamento FR mostram que a elevação estrutural de Hércules no Bloco 23 em Israel ao largo da costa é formada por um complexo vulcânico cheio de rochas siliciosas. As condições para a síntese de hidrocarbonetos no limite de

57 km não são criadas nos contornos de vulcões deste tipo.

Foi efectuado um conjunto limitado de procedimentos de medição nos sítios locais estudados com um poço e o Bloco 23. Em particular, não foi efectuada qualquer sondagem da secção transversal para determinar as profundidades de ocorrência dos complexos rochosos registados e das formações portadoras de petróleo e gás (Fig. 2.12, c).

Em muitas estruturas vulcânicas preenchidas com calcário, são criadas as condições para a síntese de hidrocarbonetos. Registam-se as respostas nas frequências dos hidrocarbonetos e das bactérias oxidantes de metano na área com tais rochas (Fig. 2.12,c).

Numerosos estudos experimentais mostraram que as condições para a síntese de hidrocarbonetos não são criadas nos vulcões, cheios de rochas siliciosas, e nunca foram registadas respostas nas frequências do petróleo, condensado, gás e bactérias metano-oxidantes.

2.4.5. Zona SP2. Região do campo de gás Zohr (offshore do Egito, Mediterrâneo Oriental). Alguns dados. No sector offshore de Israel, foi feita uma série de descobertas em águas até 1.500 m (Fig.2.13). A Noble Energy efectuou importantes descobertas de gás: Tamar (2009), Dalit (2009), Dolphin (2011), Noa 2 (2011), Leviathan (2011), Tanin (2012), Pinnacles (2012) e Karish (2013).

No offshore mais profundo, de acordo com os últimos dados (outubro de 2012), as reservas totais de gás do Tamar (300 mil milhões de m^3), Leviathan (470 mil milhões de m^3), Pelagik (190 mil milhões de m^3), e alguns outros depósitos mais pequenos. Abaixo do depósito de gás Leviathan (a uma profundidade de 5,8 km) existe um depósito de petróleo com 3 mil milhões de barris [17]. Os depósitos de gás descobertos encontram-se perto de paleo-falhas profundas, quase verticais, que intersectam todas as sequências estratigráficas, começando no Mesozoico, atravessando o Cenozoico (incluindo o sal Messiniano), o Pliocénico e o Pleistocénico. Perto das falhas encontram-se infiltrações activas de hidrocarbonetos detectadas no fundo do mar [20].

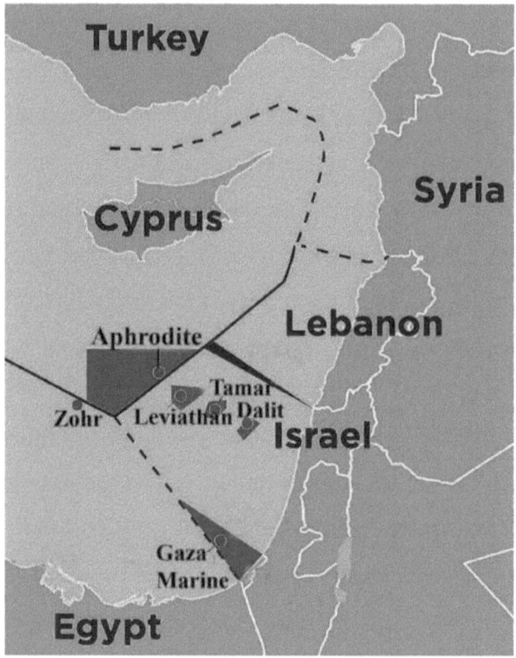

Fig. 2.13. Mapa esquemático dos campos de hidrocarbonetos (para além dos campos de petróleo e gás do Cone do Nilo) no Mar Mediterrâneo Oriental [129].

A maior parte do gás biogénico foi encontrada em areias turbidíticas marinhas profundas da idade do Oligo-Mioceno, com quantidades menores mas significativas encontradas em areias turbidíticas mais jovens, do Plioceno. No sector offshore de Chipre, a noroeste, a Noble também descobriu Aphrodite (2011), onde o recurso de gás foi recentemente estimado em 4,54 Tcf [17].

A mais recente descoberta de um super-gigante no Egito é o Zohr, situado a mais de 160 km da costa, no limite da Plataforma Erastothenes. O campo de gás foi descoberto em agosto de 2015 através da perfuração do poço Zohr 1X NFW a uma profundidade de água de 1.450m. O poço de exploração foi perfurado até uma profundidade total de 4.131m e encontrou 630m de coluna de hidrocarbonetos [17].

O campo de Zohr (Fig. 2.13) é uma das maiores descobertas de gás convencional dos últimos anos. Tem recursos no local de 30 triliões de pés cúbicos (TCF) de gás seco, com possíveis recursos recuperáveis de cerca de 20 TCF, de acordo com declarações da Eni [18]. Prevê-se que o campo de águas profundas contenha aproximadamente 30 triliões de pés cúbicos de gás magro, o que o torna a maior descoberta de gás no Mar Mediterrâneo egípcio [21, 29].

O reservatório tem ainda um potencial de crescimento no alvo mais profundo do Cretáceo. O prospeto Zohr é caracterizado como um reservatório de carbonato do Miocénico Inferior-Médio, que alberga uma acumulação de gás biogénico numa rocha geradora terciária, que é selada pelo comp lex Evaporítico Messiniano (também conhecido como Formação Roseta). Num novo modelo geológico, o potencial objeto de exploração é descrito como uma bioestrutura que cresceu sobre uma planície pré-existente do período Cretácico. Note-se que os horizontes produtivos nesta área estão ligados a diferentes profundidades e idades.

Os autores efectuaram também um processamento FR de imagens de satélite de uma grande área do campo de gás Zohr. Aí, dentro das áreas locais do Bloco 9 (Shorouk, plataforma do Egito) e do Bloco 11 (plataforma de Chipre), três zonas anómalas do tipo "Oil&Gas" (a área total de todas as anomalias é de 251 km^2)..,

O varrimento vertical de secções transversais em zonas anómalas foi realizado para determinar a profundidade de ocorrência e a espessura de horizontes individuais de secções transversais, incluindo reservatórios produtivos.

Os valores obtidos das profundidades dos horizontes portadores de gás estão de acordo com os dados de perfuração de poços apresentados em [33].

Existe uma grande probabilidade de que o jogo Zohr se possa repetir em grande escala, tanto no Egito como em Chipre. Em [15, 29, 33, 35, 124, 128] parte-se do princípio de que os campos de petróleo e gás do tipo Zohr (gás natural biogénico) podem ser detectados nos blocos 8, 10 e 11 da costa de Chipre (Fig. 2.14).

Os materiais geológicos e geofísicos publicados sobre a região dos campos de Zohr permitem aos autores argumentar, de forma mais sólida e convincente, que a localização dos dois objectos é suficientemente promissora para a deteção de acumulações comerciais de hidrocarbonetos.

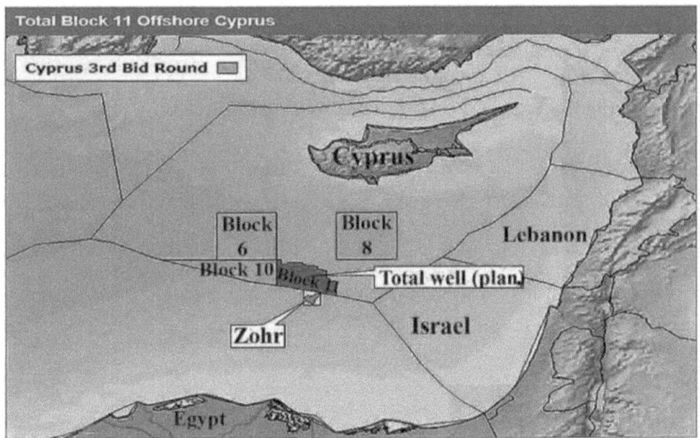

Fig. 2.14. O esquema dos blocos de licenças ao largo da costa de Chipre, por [35].

Além disso, no Mar Mediterrâneo Oriental, existem condições (espessura variável dos evaporitos, fragmentação tectónica das estruturas da crosta, etc.) para a migração de fluidos e a formação de um grande número de vulcões de lama e outras estruturas de infiltração de fluidos [90, 105].

No Mediterrâneo ocidental e oriental, existem várias condições de conservação das acumulações de hidrocarbonetos. Os estudos dos vulcões de lama e de outros sistemas de fluidos permitem determinar com maior fiabilidade a natureza do gás profundo que forma os campos de gás-petróleo.

As análises geoquímicas revelam que as acumulações de gás em alguns campos de gasóleo no Cone do Delta do Nilo provêm de uma rocha-mãe termicamente madura com um querogénio misto de petróleo e gás e sem contribuição de uma rocha-mãe biogénica [15, 19, 90, 144].

As análises geoquímicas de gases retirados de vários campos de gás do Cone do Delta do Nilo revelaram uma predominância de gás termogénico profundo na parte ocidental desta zona. O gás de origem biogénica e mista predomina na parte oriental desta zona (Fig. 2.15, **A**). Os gases dos poços do Delta do Nilo não foram gerados in situ, mas representam gases migrados e/ou mistos [90]. O metano termogénico é geralmente mais rico em δ^{13} C do que o metano microbiano.

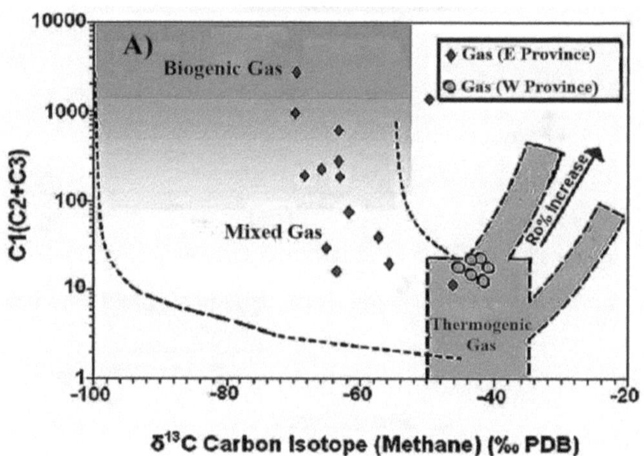

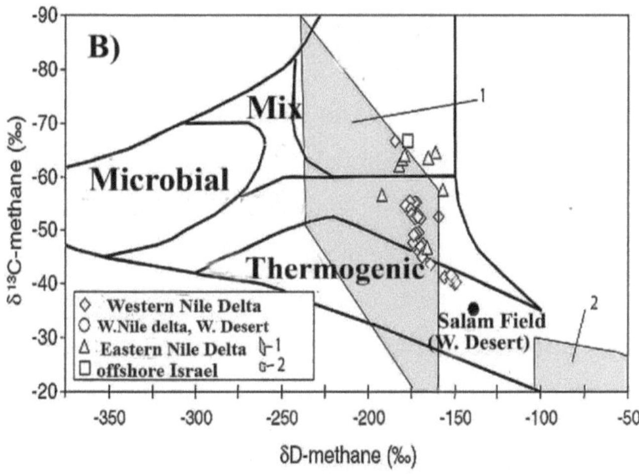

Fig. 2.15. Esquemas das razões isotópicas do carbono e do hidrogénio do metano e suas implicações genéticas para a área do cone do delta do Nilo (**A**), por [144] e para dados regionais publicados (**B**), por [105]. 1, 2- dados do Mar Negro, por [85, 86]: 1- hidrato de gás e infiltrações; 2- reservatórios de gás.

Um aumento geral dos valores de δ^{13} C com a profundidade do reservatório do Mioceno para o Plio-Pleistoceno é consistente com o aumento da maturidade térmica e a diminuição da concentração relativa de gás biogénico [105, 144]. A falta de metano biogénico no Mar Negro para formar grandes acumulações industriais de petróleo e gás foi analisada e demonstrada (Fig. 2.15, **B**). Concentrações prolongadas e sem precedentes de metano só podem ser sustentadas por uma forte desgaseificação do interior da Terra e não pela atividade bacteriana do metano [85]. É de notar que as produtivas séries de carbonatos mesozóicos do Mediterrâneo Oriental se formaram nas zonas periféricas do Oceano Neo-Tethys, onde a formação de muitos depósitos gigantes ocorreu a partir de uma única fonte profunda e abiogénica.

Conclusões.

1. São apresentados alguns resultados de implicações de dados geofísicos de satélite utilizando a prospeção bem sucedida de hidrocarbonetos e a definição da sua possível origem em áreas separadas do Mar Mediterrâneo.

2. Em duas zonas anómalas, os métodos comprovados de deteção da migração de HC em canais verticais podem ser amplamente utilizados para a avaliação operacional do potencial de hidrocarbonetos em horizontes profundos.

3. Os locais de canais verticais situados nos contornos das zonas anómalas devem ser considerados como os mais promissores para um estudo detalhado por métodos geofísicos.

4. Os canais verticais de deteção da migração de fluidos, bem como a presença de grandes zonas anómalas do tipo HC a diferentes níveis, podem ser considerados como provas adicionais e importantes da origem abiótica dominante dos hidrocarbonetos no Mediterrâneo Oriental. É provável que uma série de depósitos de petróleo e gás descobertos nos últimos anos no Mediterrâneo Oriental possa ter não só uma ligação espacial mas também uma ligação genética com os depósitos gigantes do Médio Oriente.

CAPÍTULO 3: INFILTRAÇÕES E MANCHAS - POSSÍVEIS INDICADORES DE HIDROCARBONETOS EM PROFUNDIDADE

A utilização de tecnologias de sondagem por FR (ressonância de frequência) permite determinar a origem provável e a profundidade das fontes geológicas de migração de gás. Os dados das tecnologias FR mostraram a possibilidade de utilizar as infiltrações como indicadores adicionais dos depósitos de hidrocarbonetos nas zonas de libertação de gás. Estes dados independentes podem ser utilizados para construir os possíveis mecanismos de formação de hidrocarbonetos.

Os autores acreditam que os fluidos com hidrocarbonetos migram através de canais profundos para os horizontes superiores da crosta terrestre, onde os seus depósitos se podem formar. Durante esta migração, formam-se marcas de gás no fundo do mar e manchas de petróleo à superfície da água. As infiltrações de metano e as fugas de petróleo podem servir como indicadores da atividade dos vulcões nos quais os hidrocarbonetos são sintetizados. Uma parte do gás pode migrar para a atmosfera.

A formação de depósitos de petróleo e gás, acumulações de hidratos de gás e gás sub-hidratado, bem como a presença de áreas de atividade vulcânica lamacenta e centros de emissão de gás, podem ser considerados como o resultado da influência ativa a longo prazo de fluxos localizados de fluidos de hidrocarbonetos nas rochas de estruturas profundas e próximas da superfície de várias idades e génese.

Um papel importante no influxo de fluidos profundos para os horizontes superiores da crosta terrestre é desempenhado pela presença de uma rede desenvolvida de falhas, bem como por processos de ativação tectónica, devido aos quais ocorre a desgaseificação e a concentração de emissões de gases em centros de emissão. Estes pressupostos não excluem a possível natureza mista (abiogénica e biogénica secundária) do metano em estruturas separadas, bem como a formação (se necessário e em condições suficientes) de acumulações de hidrocarbonetos numa vasta gama de profundidades da litosfera.

"As indicações de infiltração sustentada de gás em três níveis distintos mostram que a infiltração de gás é um processo periódico no tempo geológico. A presença de petróleo e gás num prospeto mais profundo, que se presume ser a fonte do gás em migração, sugere que a presença de infiltração de gás e caraterísticas associadas podem ser indicativas de reservatórios prospectivos mais profundos." [30].

Alguns resultados recentes e breves da utilização da tecnologia de investigação FR sobre infiltrações de metano em locais de emissão de gás de várias géneses e libertações modernas de gás em várias estruturas da crosta são considerados abaixo [104, 127].

3.1. Algumas estruturas das regiões polares

3.1.1. As zonas centrais de infiltração da margem oeste da Gronelândia. Dois pontos de varrimento FR (PG2011-12 e PG2012-03) estão localizados nesta área [12, 50, 70, 89].

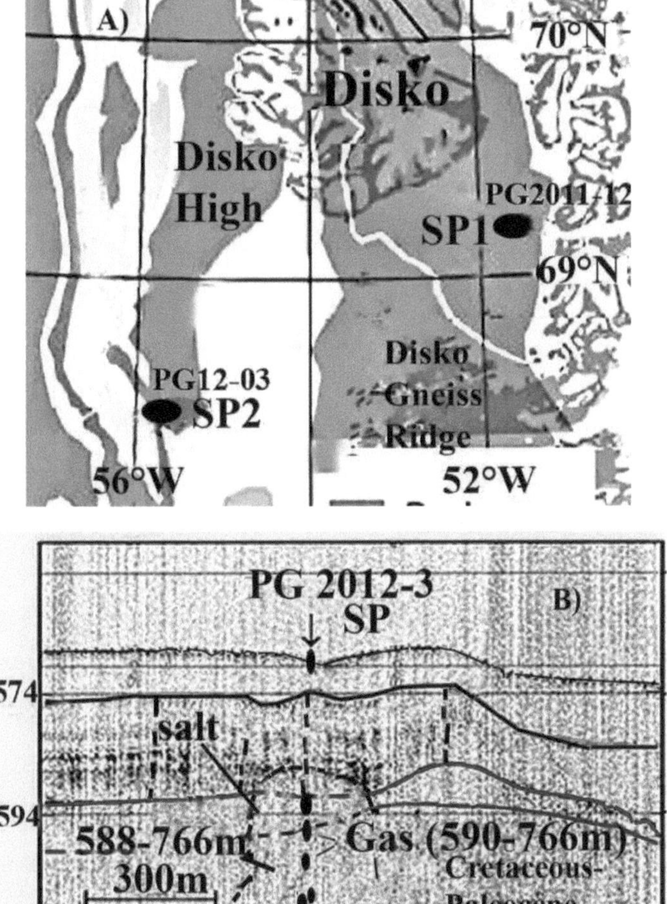

Fig. 3.1. Pontos de varrimento (SP1, SP2) nas áreas de infiltração [70] na margem continental central da Gronelândia Ocidental (**A**); **B** - estrutura do perfil sísmico de alta resolução através do ponto PG 2012-03 com resultados de dados FR. Em (**B**) as linhas sólidas são as unidades numa sequência de sedimentos com 40 m de espessura; as linhas quebradas - são zonas de fratura.

O ponto de sondagem PG2011-12 (área de Ilulissat) está localizado no flanco sudoeste da Bacia de Nuussuaq. (Fig. 3.1, A), a uma profundidade de 433 m, no interior da maior marca de fossa, cuja largura atinge 200 m e a profundidade é de 23 m. Não foram registados indícios acústicos de hidrocarbonetos nos estratos mesozóicos para esta parte distal da Bacia de Nuussuaq [70].

Os dados sísmicos mostraram que os pockmarks resultaram da expulsão de fluidos, de falhas neo-tectónicas e da elevação da crosta [89]

Os dados de sondagem FR da imagem de satélite PG2011 -12 confirmaram a migração ativa moderna de gás, mas não há sinais de hidratos de gás. Os sinais de sal são registados no intervalo de 435-882 metros. O sinal conjunto de gás e sal é fixado no intervalo de 468-742 m.

Um sinal de síntese de hidrocarbonetos é registado a uma profundidade de 57 km. Os hidratos de gás encontram-se principalmente em sectores com uma fina cobertura de sedimentos jovens.

A sondagem FR no ponto PG 2012-03 resulta no registo de sinais de síntese de petróleo, condensado de gás e gás a uma profundidade de 57 km. Não há sinais de hidratos de gás.

O sinal do sal (intervalo de 588-810 metros) é fixo, e o sinal conjunto do sal e do gás é fixo em 590-766 metros (Fig. 3.1, B). São registados os sinais dos dolomitos (0,81-1,3 km, 2,0-99 km) e do grupo de magma ultramáfico (1,32,0 km, 99-470 km). Um processo de desgaseificação com migração de gás da superfície para a atmosfera é fixo, embora nenhum sinal de infiltração de gás atual tenha sido encontrado na área [70].

Estes resultados apoiam as previsões anteriores de que as bacias sedimentares mesozóicas nas margens centrais da Gronelândia Ocidental poderiam conter grandes quantidades de petróleo e gás. No entanto, os processos de maturação das rochas geradoras na subsuperfície, a sua transformação e a migração vertical e lateral dos hidrocarbonetos para as armadilhas são bastante discutíveis [12].

3.1.2. Norte do Mar de Barents norueguês, zona do alto de Sentralbanken. Na zona de Sentralbanken [92] foram identificados muitos (4.137) 'flares' acústicos diagnosticados como locais de emissão de bolhas (infiltrações), com a maior densidade de flares de gás na parte central deste alto estrutural (Fig. 3.2).

Os resultados da varredura FR na área de Sentralbanken mostram que os sinais de petróleo, gás e condensado de gás a uma profundidade de 57 km são registados.

O sinal de gás é fixado em intervalos de profundidade: 158 - 501 m, 864 - 1158 m, 1458 - 1835 m (não foram efectuadas mais sondagens). O sinal de hidratos de gás é fixado no intervalo 0 - 400 m. O processo de desgaseificação da superfície da água para a atmosfera é registado.

Estes dados obtidos indicam a existência de fontes adicionais [60] e de processos de desgaseificação profunda que podem explicar a magnitude da formação e manifestação de campos de infiltrações e de marcas de poços em várias estruturas da região do Ártico.

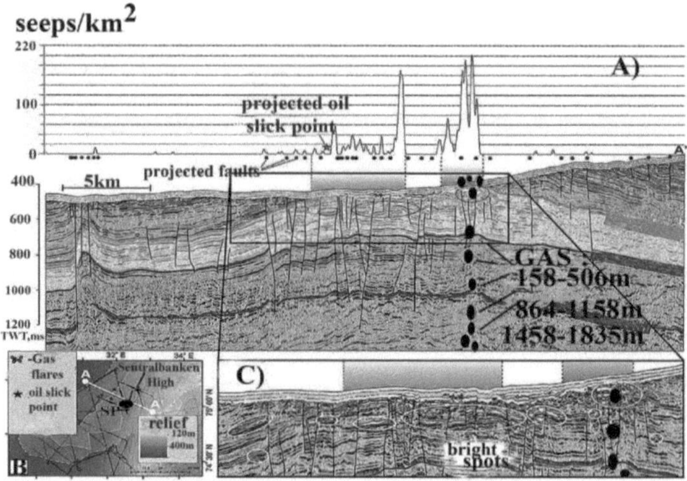

Fig. 3.2. Localização das chamas de gás na área do alto de Sentralbanken [92] e correlação da libertação de gás com o sub-recorte do reservatório da Formação Kobbe e falhas. a- densidade de infiltração, falhas e sub-recorte da Formação Kobbe ao longo do transecto A - A'; b- localização do transecto A - A'; c - distribuição de pontos brilhantes no ápice do alto estrutural de Sentralbanken [93]. Há também uma possível profundidade de sinais de gás por varrimento FR (**B, a, c**).

3.1.3. Zona de infiltração do mar da Gronelândia. A zona de acumulação de derrames foi estudada na margem continental de Svalbard e foram determinados os factores de formação e evolução da zona de estabilidade dos hidratos de gás, bem como os padrões de distribuição das fontes de plumas de metano na secção [88, 106].

A zona de estabilidade dos hidratos de gás estende-se até uma profundidade de 370-410 m (Fig. 3.3), e os resultados disponíveis de estudos sísmicos mostram a presença nesta área de um sistema de "tubos de gás" através dos quais o gás migra para os estratos sedimentares a partir de "bolsas" de gás profundas [88, 106].

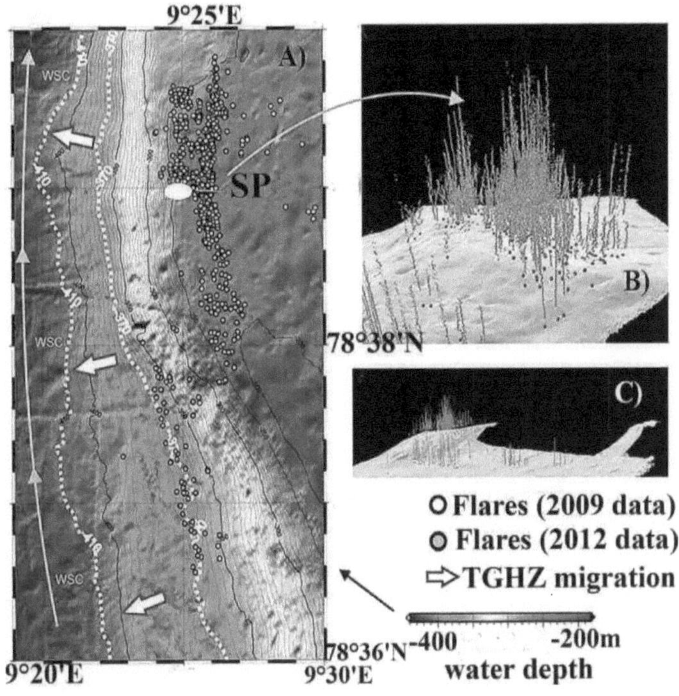

Fig.3.3. Mapa batimétrico (**A**) da margem continental da zona de Spitsbergen com um campo de escoadouros (**A**) e a sua imagem tridimensional (**B, C**) na zona de estudo [88, 106]. WSC, CC e ESC são as correntes dominantes nesta zona (Svalbard Ocidental; Costeira; Corrente de Svalbard Oriental). As setas indicam a migração da zona de estabilidade de hidratos de gás (TGHZ) nos últimos 30 anos de uma profundidade de 370 m para 410 m [109].

O mecanismo de transferência de gás não foi suficientemente estudado, uma vez que não foram encontradas na área de estudo falhas extensas, que vão até grandes profundidades, consideradas como o principal elemento do influxo de fluidos profundos nos estratos sedimentares.

Estudos de campos de infiltração identificados ao longo da margem continental a oeste de Svalbard a profundidades de 150-400 m mostraram que o metano libertado se deve à dissociação de hidratos de gás devido a um aumento de 1 °C na temperatura da Corrente de Svalbard Ocidental nos últimos 30 anos. A presença de numerosas chamas adicionais na plataforma sugere que esta região específica a oeste de Prins Kalrs Forland é propensa à infiltração de hidrocarbonetos e que a emissão de gás no fundo do mar não afetada pela dissociação de hidratos de gás é comum na região [109].

Esta relação entre a formação de campos de infiltração de metano e os processos de destruição de hidratos de gás é também caraterística de outras regiões do Ártico Polar.

Os resultados da sondagem FR mostraram (Fig. 3.3) que as acumulações de gás estavam localizadas na parte superior da crosta terrestre.

Os processos de desgaseificação ocorrem a partir das profundidades: 731-905 m, 1084-1141 m e 1370-1471 m (não foram efectuadas sondagens mais profundas). Além disso, é registada a emissão de gases para a coluna de água e para a atmosfera.

Apresentámos também novos dados sobre a distribuição e origem da infiltração de gás obtidos para algumas estruturas centrais de Spitsbergen, e foram confirmadas áreas na zona de Isfjorden com emissão ativa de metano.

3.1.4. Parte central do Spitsbergen (zona de Isfjorden) [7, 22 , 82].

A investigação dos processos de desgaseificação nesta zona contribuiu para o estudo da dinâmica da dissociação dos hidratos de gás e das emissões de gases associadas às alterações paleoclimáticas na região [22].

As análises das rochas geradoras e dos dados de infiltração de fluidos em Isfjorden indicam um sistema petrolífero ativo com migração de fluidos que atingem o fundo do mar [7].

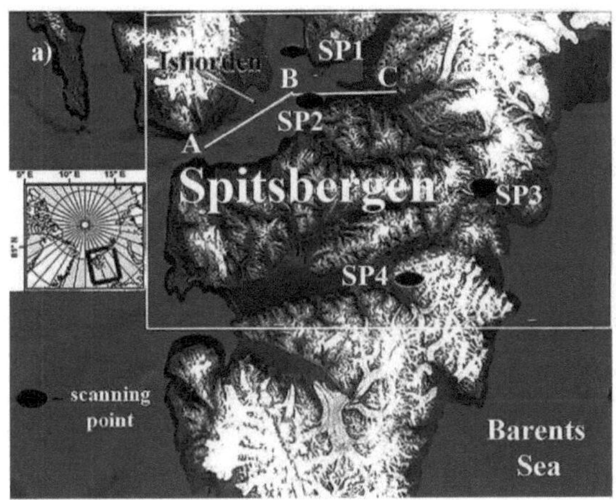

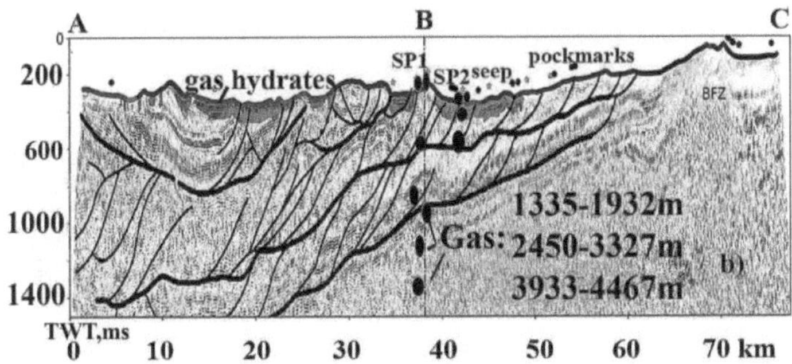

Fig. 3.4. Imagem de satélite da região central de Spitsbergen, a posição dos pontos de varrimento (a) e a secção geológica profunda [7, simplificada] com extensões de hidratos de gás do perfil A-B-C (b) no Isfjorden com o resultado da interpretação dos dados FR. BFZ: Zona de Falha de Billefjorden.

A distribuição de mais de 1300 pockmarks em Isfjorden [82, 83] tem um carácter de mosaico, e a maioria das áreas ativamente expressas estão espacialmente associadas a zonas de falhas activas conhecidas de Svalbard, e outros factores (a presença de acumulações de gás livre, processos de filtração, atividade sísmica, etc.) podem também ser importantes.

A fig. 3.4 mostra a posição dos pontos de exploração de FR (SP1-SP4) na zona de Isfjorden. Um dos pontos de rastreio **(SP1)** está localizado na parte central de uma grande área de infiltração e de marca de poço, formada na continuação sudeste da falha de Blomesletta [7]. Foram registados sinais de petróleo, gás, condensado de gás, dióxido de carbono, bactérias oxidantes de metano, fósforo amarelo, hidratos de gás e antracite. A sondagem foi efectuada a uma profundidade de 4789m. As respostas na frequência do gás foram obtidas nas profundidades: 1335-1932m; 24593321m; e 3933-4467m (Fig.3.4, b).

As análises das rochas geradoras e dos dados de infiltração de fluidos em Isfjorden indicam um sistema petrolífero ativo com migração de fluidos que atingem o fundo do mar [7].

A distribuição de mais de 1300 pockmarks em Isfjorden [82, 83] tem um carácter de mosaico, e a maioria das áreas ativamente expressas estão espacialmente associadas a zonas de falhas activas conhecidas de Svalbard, e outros factores (a presença de acumulações de gás livre, processos de filtração, atividade sísmica, etc.) podem também ser importantes.

No SP2 o sinal do gás e do fósforo amarelo e a sua desgaseificação a partir da superfície (-0) são fixados, o sinal do gás é fixado nos intervalos: 290 - 615 m, 996 - 1159 m, 1198 - 1314 m (Fig. 3.4). Os processos de desgaseificação e migração de gás para a atmosfera no ponto de sondagem 2 (**SP2**) também foram fixados. No **SP3** (Fig. 3.5), os sinais de condensado de petróleo e gás são fixados e a desgaseificação de gás foi registada. O sinal de gás foi registado nos intervalos de profundidade de 12,7 - 72 m, 152 - 202 m, 318-1426 m, 1605 - 2065 m, 2599 - 3507 m, 4010 - 4570 m, 5444 - 5929 m, não tendo sido efectuada mais sondagem. Os intervalos de profundidade de 2599 - 3507 m, 4010 - 4570 m, e 5444 - 5929 m são os mais perspetivados.

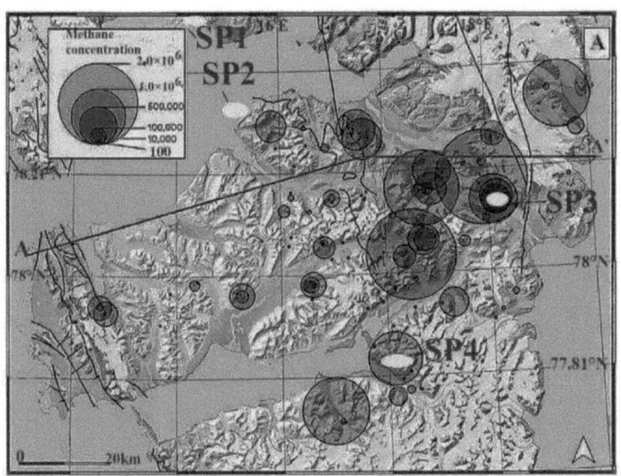

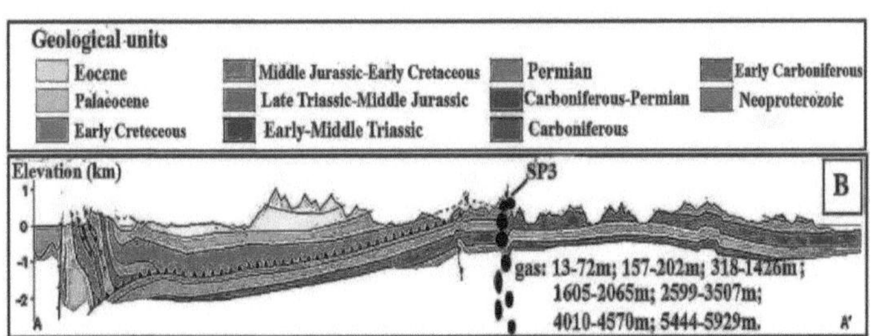

Fig. 3.5. Concentrações de metano de nascentes de águas subterrâneas proglaciais amostradas (**A**) apresentadas por tamanho de bolha sobre um mapa geológico do centro de Svalbard [41] com pontos de varrimento e a localização do perfil da secção transversal A-A'. Linhas pretas no mapa - falhas geológicas. **B**- perfil da secção transversal A-A' com resultados do ponto de sondagem FR (SP3), .

Os pontos SP3 e SP4 estão situados em zonas onde se formaram as nascentes de águas subterrâneas supersaturadas de metano com provas isotópicas de uma fonte termogénica, e as emissões anuais de metano das águas subterrâneas proglaciares atingem 2,31 kt em todo o arquipélago de Svalbard [41].

No **SP4** (Fig. 3.5), os sinais do condensado de petróleo e gás são fixados e a desgaseificação do gás é registada. O sinal de gás foi registado nos intervalos de profundidade 17,1 - 70 m, 161 - 215 m, passo 10 cm 563 - 916 m, 1139 - 1523 m, 2012 - 2638 m, 3148 - 4282 m, 4412 - 5105 m, 5465 - 5963 m, não tendo sido realizada qualquer sondagem. Os intervalos de profundidade de 2012 - 2638 m, 3148 - 4282 m, 4412 - 5105 m, e 5465 - 5963 m são os mais perspetivos.

A génese das infiltrações pode ser determinada pelo afluxo de fluidos de hidrocarbonetos (de origem biogénica ou termogénica), pela decomposição de hidratos de gás, pelo degelo do permafrost e por vários outros factores que operam nas latitudes polares.

A análise geoquímica das anomalias de hidrocarbonetos nos depósitos marinhos próximos da superfície dos fiordes no oeste de Spitsbergen indica uma natureza mista (termogénica e biogénica) dos gases [78].

Conclusões. Os novos dados obtidos a partir de estudos de campos de infiltrações e pockmarks na região central de Spitsbergen (Isfjorden) confirmam a complexa génese de gás das infiltrações frias, formadas principalmente devido ao influxo de gases de diferentes profundidades no processo de desgaseificação, bem como à dissociação de hidratos de metano nestas áreas.

Os resultados dos estudos FR nos locais de fusão e recuo dos glaciares (área de Isfiord, SP3, SP4) mostraram que o metano trazido à superfície pelas águas subterrâneas [41] tem uma natureza profunda. Foram registadas respostas intensas do gás numa vasta gama de profundidades (6 km ou mais), o que pode servir de indicador das suas grandes acumulações nesta área.

Os resultados das sondagens FR das estruturas nas regiões polares do Ártico mostraram que os hidratos de gás podem ser formados em vários horizontes de rochas sedimentares e cristalinas da crosta terrestre devido a produtos de desgaseificação das geosferas profundas da Terra. As áreas de desgaseificação estão localizadas nas zonas de existência de aparelhos vulcânicos com um sistema desenvolvido de canais profundos, ao longo dos quais migram gases, bem como petróleo e condensados profundos. O resultado desta migração é a formação de infiltrações de gás, bem como manchas de óleo na superfície da água - indicadores de síntese de petróleo em profundidade.

Os nossos dados confirmam a influência significativa, mas insuficientemente tida em conta, dos fluidos gasosos do manto-manto na natureza e caraterísticas dos processos de desgaseificação nas estruturas das margens continentais de várias regiões.

A utilização da tecnologia FR- permite avaliar rapidamente a contribuição de várias fontes geológicas de metano e outros gases para o balanço global dos gases com efeito de estufa nos locais de maior emissão. Estudos de modernos centros de desgaseificação em diferentes regiões do mundo mostraram que a sua migração para a atmosfera ocorre em volumes significativos, o que deve ser tido em conta na avaliação dos factores que influenciam os processos de aquecimento global do planeta.

3.2. Separar as áreas e as estruturas de infiltração do Mar do Norte. São apresentados os novos dados da aplicação de tecnologias de FR para o estudo das fontes e processos de formação de infiltrações e pockmarks em algumas áreas do Mar do Norte.

Fluidos gasosos como indicador de processos de hidrocarbonetos. Alguns exemplos de tecnologias de FR utilizadas para obter caraterísticas de profundidade de algumas áreas de infiltração descobertas na parte central do Mar da Noruega são considerados abaixo [104].

Os resultados dos estudos de algumas fossas e pockmarks ("Scanner", "Challenger") no Mar do Norte mostraram que a emissão de metano através de "tubos de gás" provém de diferentes horizontes (Fig. 3.6). Um componente importante do sistema de "condutas de gás" do pockmark Scanner é a zona de falha, que consiste em várias fissuras verticais preenchidas com gás próximo da superfície e em profundidade [11].

A. Judd [37, 38] presumiu que na área onde os pockmarks activos Scanner e Challenger estavam localizados, o processo de desgaseificação abrangia não só os sedimentos de fundo a profundidades inferiores a 100 m abaixo do fundo. Foram encontradas acumulações de gás a profundidades de 230-390 m e 960-1100 m, o que indica fontes profundas de desgaseificação nos sedimentos. As tecnologias de FR também mostraram que as acumulações de gás estão localizadas na parte superior dos sedimentos com uma espessura total de 4800m.

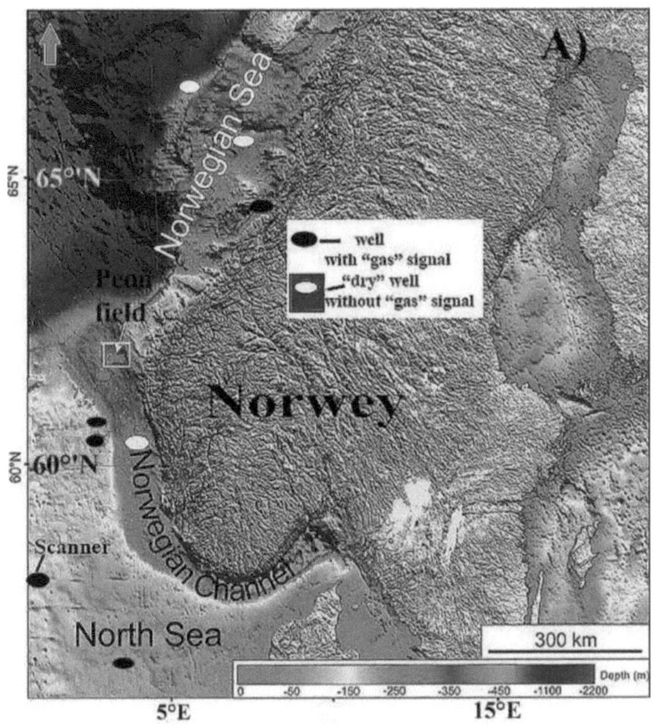

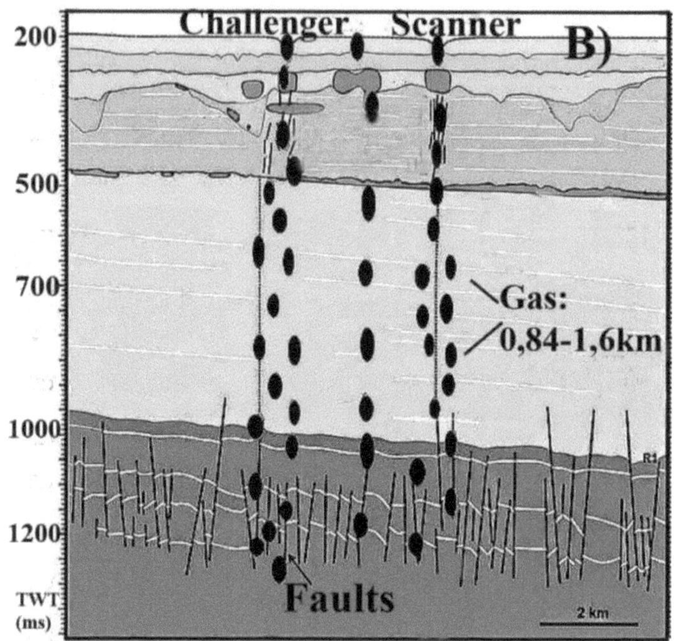

Fig.3.6. Mapa batimétrico do Mar do Norte e do Mar da Noruega (**A**) com a localização das estruturas Scanner e Peon [56], e localização de poços profundos com dados de resultados de FR; **B** - secção geológica da estrutura de pockmarks "Scanner" e "Challenger" [11] com resultados de FR.

Os sinais de gás da marca "Challenger" foram registados ao nível do fundo e a uma profundidade de 839-1635m, ou seja, o processo de desgaseificação cobriu uma parte da sequência sedimentar (Paleogénico), abaixo da qual se supõe a presença de um vulcão de sal (Fig.3.6).

3.2.1. Campo de gás de Peon, Mar do Norte. Esta área está localizada (Fig. 3.6) na base de uma inconformidade regional na parte exterior do Canal da Noruega [11, 56]. Os resultados do estudo FR sobre este novo campo de gás superficial no norte do Mar do Norte (Fig.3.7) mostram que no poço 35/2-1 o sinal ativo de gás foi registado a 491-698m de profundidade. O gás profundo tem um processo de degradação fixo em pontos de varrimento adicionais (SP2, SP3).

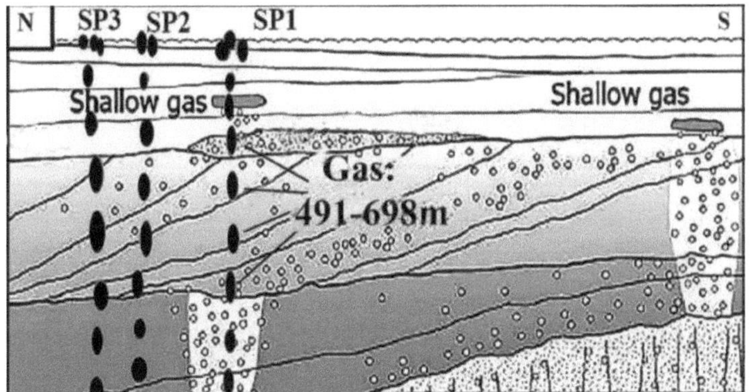

Fig. 3.7. A interpretação geológica dos dados sísmicos e da migração de fluidos da área do campo de Peon [5, 127] com dados de resultados de FR.

Os dados de FR mostram que os sinais de gás estão fixados sob o campo de Peon a profundidades até 982m (SP2) e até 1400m (SP3) e mais profundamente na parte norte da área de Peon. Consideramos que as fontes de fluidos de infiltrações activas são atualmente pouco claras e os nossos resultados confirmam a influência dos fluidos gasosos da crosta-manto na natureza e nas caraterísticas dos processos de desgaseificação em algumas estruturas do Mar do Norte.

Os estudos realizados no Mar do Norte confirmaram a possibilidade de utilizar os dados sobre os campos de infiltração e de marcas de poços como indicador de acumulações superficiais e profundas de hidrocarbonetos nestas áreas locais antes da prospeção de perfuração. A interpretação dos nossos dados mostra que os poços perfurados nos pontos de perfuração serão "secos" em zonas onde não se registam respostas a frequências de hidrocarbonetos e bactérias oxidantes de metano.

3.2.2. Mar da Noruega, pockmarks de Nyegga. A sondagem FR foi efectuada na área do campo de pockmark de Nyegga, localizado na plataforma do talude continental da Noruega Central. As principais fontes de formação de hidratos de gás e fluidos gasosos nos modelos da dinâmica de desenvolvimento de "condutas de gás" [8, 62, 72, 73] são acumulações de gás e camadas de gás situadas abaixo da base da zona de hidratos de gás a profundidades de 400 - 500 m (Fig. 3.8).

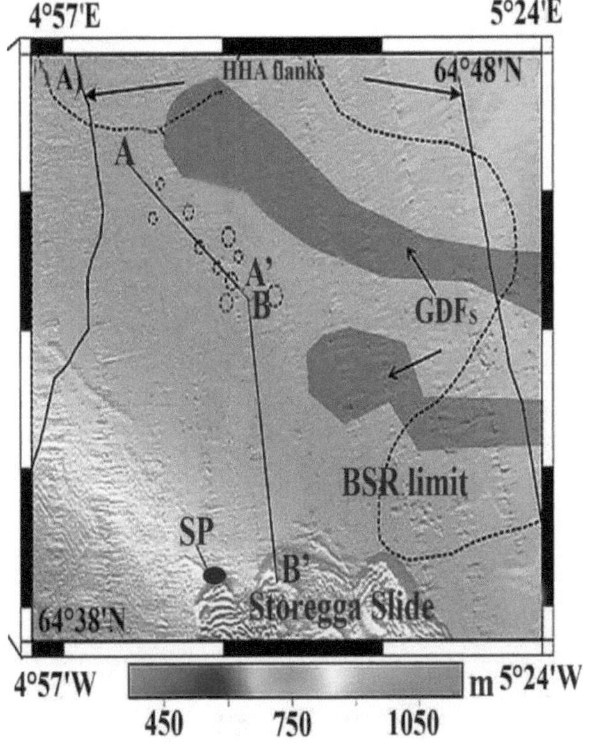

4°57'E
5°24'E
A
HHA flanks
64°48'N
A
A'
B
GDFs
BSR limit
SP
B'
Storegga Slide
64°38'N
4°57'W
m 5°24'W
450
750
1050

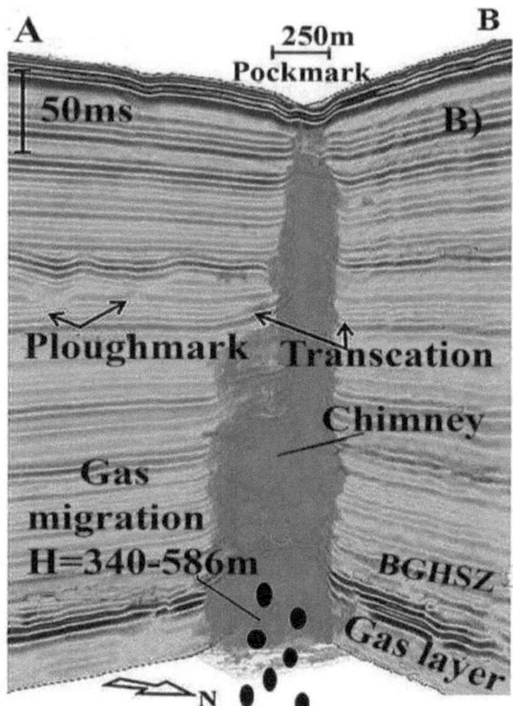

Fig. 3.8. Localização dos pockmarks de Nyegga (**A**) no flanco norte da falha de Storegg (margem continental norueguesa); "tubo de gás" com pockmark (**B**) no perfil A-B [73]. GDFs - fluxos de detritos glaciares enterrados; HHA-Helland Hassen Arch.

As tecnologias de som FR mostraram que os sinais nas frequências de hidrogénio, fósforo vermelho, bactérias de hidrogénio, água viva e o sexto grupo (basalto) de rochas ígneas foram registados aqui.

Ao sondar o pockmark no ponto com as coordenadas 64° 40' 02" N e 05° 07' 32" E, foram obtidas respostas para os grupos 1-6 de rochas sedimentares, hidratos de gás, hidrocarbonetos, dióxido de carbono e fósforo amarelo.

Os hidratos de gás são registados na secção até uma profundidade de 555 m; abaixo, as respostas são obtidas para o segundo grupo sedimentar.

Os processos de desgaseificação foram registados na superfície da água, bem como nas profundidades de 340-586m, 1669-1933m, 3547-3999m e 4156-4819m (não foram efectuadas sondagens mais profundas).

Os resultados obtidos fornecem dados adicionais de que os fluidos dos horizontes profundos da crosta terrestre, incluindo o fundo da sequência sedimentar a uma profundidade de cerca de 5 km, participam na formação de pockmarks na área de Niegga.

3.2.4. Campos de infiltração na zona de "Berta" (noroeste do Alemão).

A área estudada situa-se na estrutura de rifte Central Graben-Mesozóica da parte noroeste do sector alemão do Mar do Norte (Fig. 3.9), que pertence a uma das grandes províncias promissoras para os hidrocarbonetos.

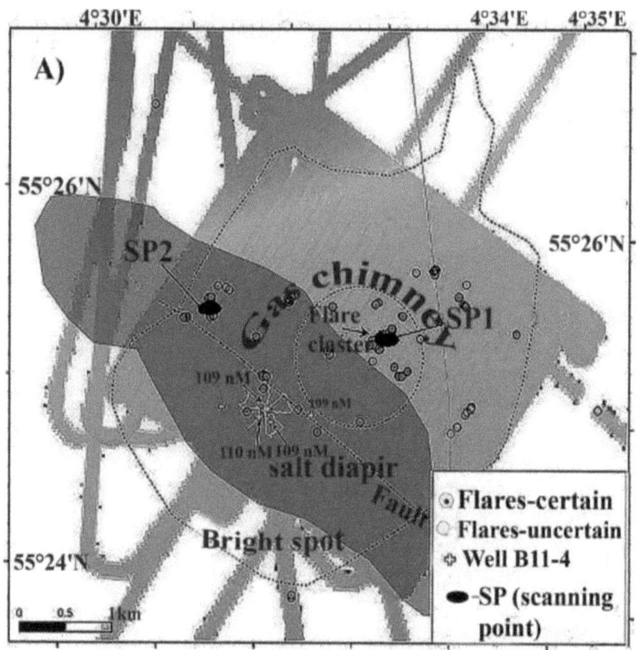

Nesta zona (Fig. 3.9), foram descobertos e estudados cerca de 170 locais de infiltração de gases na coluna de água [79].

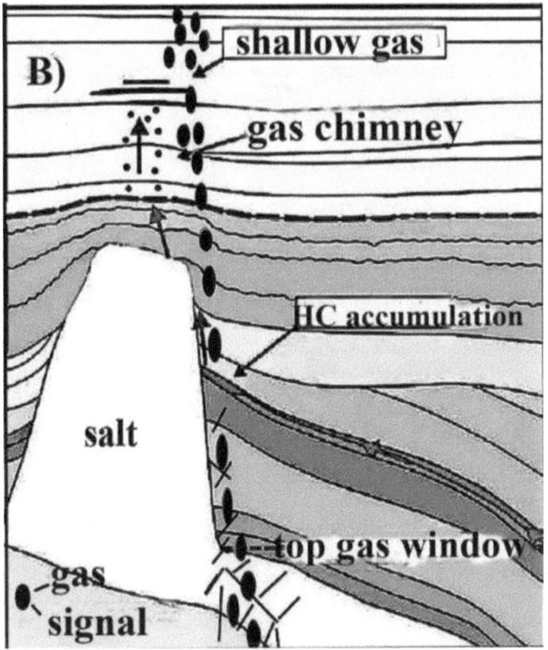

Fig. 3.9. Mapa esquemático (**A**) dos campos de infiltração e da localização dos pontos de sondagem FR na zona de "Berta" na parte noroeste do sector alemão do Mar do Norte [79, modificado]; **B-possível** produção de hidrocarbonetos e acumulação de gás no Graben Central alemão [59, modificado por dados FR].

Os "tubos de gás" sísmicos detectados e a ligação caraterística das acumulações de gás com as falhas das estruturas de cúpulas salinas podem testemunhar a natureza profunda dos gases migratórios.

Estes gases foram possivelmente gerados a partir de rochas de origem mais profunda e a manifestação mais ativa de chamas de metano é observada no bordo oriental do vulcão de sal (diapir) "Berta" (Fig. 3.9). aproximadamente 150-450 m a nordeste desta estrutura [79].

Os vulcões de sal (diapires) do Jurássico Superior levaram ao aparecimento de falhas sub-verticais, à rutura da integridade dos sedimentos e à formação de caminhos de migração de gás no processo de desgaseificação profunda.

Os dados de FR mostraram que as fontes de afluxo de gás não estão apenas perto do fundo, mas também nas suas bolsas de gás profundas localizadas a profundidades de 1094m a 6000m. A espessura total de uma série de horizontes contendo gás pode indicar a presença de um grande reservatório na encosta leste do vulcão de sal Berta (diapir), localizado dentro do "tubo de gás" com uma área localizada de infiltrações. A ausência de sinais de gás no SP2 (Fig. 3.9, **B**) confirma a ligação das trajectórias de migração dos gases profundos com a zona local de falhas profundas situadas fora da estrutura do domo salino.

Conclusão. Uma breve panorâmica de alguns exemplos do método FR utilizado para estudar os centros de emissões de metano encontrados na região polar árctica e no Mar do Norte, possivelmente causados principalmente pela desgaseificação da Terra. Além disso, com base nestes dados, é agora possível propor a aplicação de um critério adicional para a deteção (antes do início da perfuração) de poços improdutivos e "secos", o que acelerará significativamente muitos processos de pesquisa.

3.3. Zona do Golfo do México [10, 31, 32, 40, 80, 87, 110, 122, 145].

3.3.1. Áreas locais de marés negras no Golfo do México.

A varredura FR no Golfo do México foi efectuada em nove pontos locais (Fig. 3. 10.), bem como numa área próxima de um poço de emergência na parte norte da região.

Fig. 3.10. Manchas de petróleo do Golfo do México numa imagem de satélite da região [122]. Os números indicam a posição dos pontos de varrimento (SP).

Segue-se um breve resumo seletivo dos dados obtidos.

Durante o processamento FR de imagens com a localização de manchas individuais, o gráfico de processamento utilizado incluía:

1. Fixação (a partir da superfície) de sinais provenientes do conjunto de minerais e rochas: petróleo, condensado, gás, xisto, hidratos de gás, carvão, antracite, lonsdaleite, sal de potássio e magnésio, sal de cloreto de sódio (apenas sal), e outros.

2. Registo das respostas dos grupos de rochas sedimentares, metamórficas e ígneas que compõem a secção transversal.

3. Determinação da presença de canais profundos (vulcões), preenchidos com vários grupos de rochas na área de estudo; determinação da localização das raízes dos vulcões e da sua profundidade.

4. Estabelecer a presença (ausência) de respostas de petróleo, condensado, gás e âmbar na superfície (profundidade) de 57 km - o

limite da síntese de hidrocarbonetos e âmbar em canais profundos (vulcões).

5. Fixação à superfície (profundidade) de 1 m de respostas da parte superior da secção transversal (camada superficial da água) de petróleo, condensado, gás e fósforo para estabelecer (confirmar) o facto da migração destas substâncias para a superfície e para a atmosfera.

Slick SP1 (Fig. 3.10). Foram registadas respostas de FR nas frequências de petróleo, condensado, gás, âmbar, fósforo, xisto betuminoso, brecha de argilito, rochas de hidrato de gás, hidratos de gás, carvão e antracite. Foram registadas respostas intensas de 1-6 grupos de rochas sedimentares; a raiz do vulcão foi determinada a uma profundidade de 723 km.

As respostas de hidrocarbonetos (petróleo, condensado, gás), âmbar e fósforo foram registadas na fronteira da síntese de hidrocarbonetos a 57 km.

Foi registada a migração de hidrocarbonetos através da coluna de água.

Na superfície de 0 m, as respostas do fósforo e do gás foram obtidas na parte superior da secção transversal e a migração do gás (com fósforo) para a atmosfera foi registada.

Slick SP2 (Fig. 3.10). Durante o processamento de FR do Slick SP2, foram obtidos os mesmos resultados que na zona SP1.

Slick SP3. Existem duas manchas nesta área. Durante o processamento de FR, foram registadas respostas nas frequências de óleo, condensado, gás, fósforo, sal de potássio e magnésio e lonsdaleite

Foi registado um vulcão preenchido com 7 grupos de rochas

ígneas (ultramáficas) com uma raiz a uma profundidade de 723 km.

Foi registada a migração de gás e hidrocarbonetos através da coluna de água até à superfície e a migração de gás (com fósforo) para a atmosfera como respostas de hidrocarbonetos e fósforo à superfície de 57 km.

Slick SP4 (Fig. 3.10). Foram registadas respostas FR nas frequências de hidrocarbonetos, gás, âmbar, fósforo, xisto betuminoso, brecha argílica, rochas de hidrato de gás, hidratos de gás, carvão e antracite.

Foi identificado um vulcão cheio de rochas sedimentares (1-6 grupos) com uma raiz a uma profundidade de 723 km. Fixando as respostas nas superfícies de 1 m e 0 m da parte superior da secção transversal, foi estabelecida a migração de gás, fósforo, óleo e condensado através da coluna de água para a superfície, e de gás com fósforo para a atmosfera. Foram registados sinais de hidrocarbonetos, âmbar e fósforo na superfície de 57 km.

Slick SP5. As respostas FR foram registadas nas frequências de óleo, condensado, gás e fósforo.

Foi estabelecida a presença de um vulcão cheio de sal de cloreto de sódio com uma raiz a uma profundidade de 723 km. A fixação de respostas da parte superior da secção transversal nas superfícies de 1 m e 0 m testemunhou a migração de gás, fósforo, óleo e condensado através da coluna de água para a superfície, bem como gás com fósforo para a atmosfera. Foram registadas respostas de hidrocarbonetos e fósforo na superfície de 57 km.

Slick SP6 (Fig. 3.10). As respostas FR foram registadas nas frequências de óleo (baixa intensidade), condensado, gás e fósforo.

Existe um vulcão preenchido com 1 grupo de rochas ígneas (granitos) com uma raiz a uma profundidade de 996 km. Os sinais da superfície foram registados apenas em amostras de granito "antigo" [122].

A fixação de respostas da parte superior da secção transversal nas superfícies de 1 m e 0 m testemunhou a migração de gás, fósforo, óleo e condensado através da coluna de água para a superfície, bem como gás (com fósforo) para a atmosfera. Respostas de baixa intensidade de petróleo, condensado, gás e fósforo foram registadas na superfície de 57 km

Slick SP7. Foram recebidos sinais de FR nas frequências de HC, e fósforo. A presença de um vulcão preenchido com o sétimo grupo de rochas sedimentares (calcários) com uma raiz a uma profundidade de 470 km foi estabelecida.

A fixação de respostas da parte superior da secção transversal nas superfícies de 1 m e 0 m testemunhou a migração de gás, fósforo, óleo e condensado através da coluna de água para a superfície, bem como gás com fósforo para a atmosfera. Foram registadas respostas de hidrocarbonetos e fósforo na superfície de 57 km.

Mancha SP8 (Fig. 3.10). Durante o processamento do FR, foram obtidos os mesmos resultados que na zona da mancha SP7.

Slick SP9 (Fig. 3.10, 11). Foram registadas respostas FR nas frequências de petróleo, condensado, gás (intenso), âmbar, fósforo, xisto betuminoso, brecha argilosa, rochas de hidrato de gás, hidratos de gás, carvão e antracite.

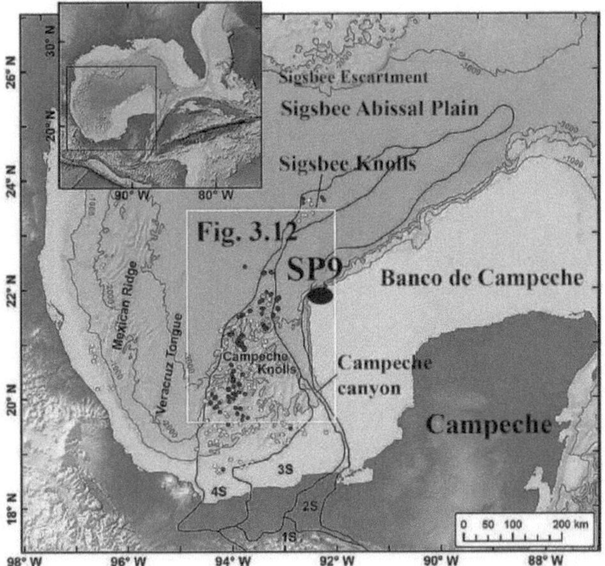

Fig. 3.11. Mapa da parte central do Golfo do México (com Campeche e Sigsbee Knolls [32]). Pontos escuros - são manchas de petróleo definitivas, e pontos claros - pontos prováveis. PS9- ponto de varrimento.

Foi estabelecida a presença de um vulcão preenchido com 1-6 grupos de rochas sedimentares com uma raiz a uma profundidade de 470 km. As respostas FR nas superfícies de 1 m e 0 m da parte superior da secção transversal foram fixadas, e a migração de gás, fósforo e óleo através da coluna de água para a superfície, e gás com fósforo para a atmosfera. Na superfície de 57 km, foram registadas respostas de hidrocarbonetos, âmbar e fósforo.

O SP9 está localizado perto de Campeche Knolls na área da Escarpa do Campeche, fora da Província Salina do Golfo Sul (Fig. 3.11). Este ponto também está localizado (Fig. 3.12) não muito longe do TYK

(Tsanyao Yang Knoll).

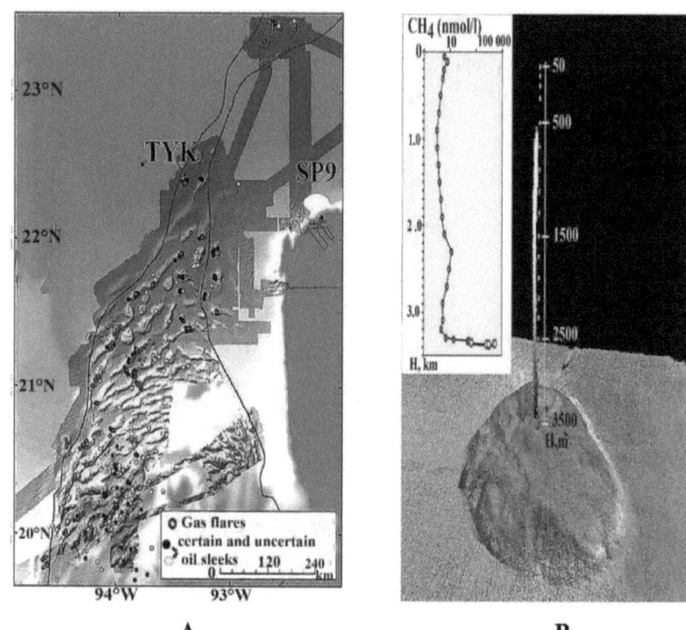

A   B

Fig.3. 12. Mapa do fundo marinho das zonas de Campeche e Sigsbee Knolls (**A**) com pontos escuros que indicam as posições das chamas de gás identificadas na coluna de água durante os levantamentos hidroacústicos efectuados durante o cruzeiro M114 do R/V METEOR [87]. A localização das origens da maré negra à superfície do mar é indicada por pontos claros (fig.3.11); **B** - Ilustração **3D** do Tsanyao Yang Knoll (TYK) [80] com dados de CH4

3.3.2. A zona do poço de emergência do Golfo do México. Foi examinado um bloco relativamente grande na zona onde se encontrava o poço de emergência.

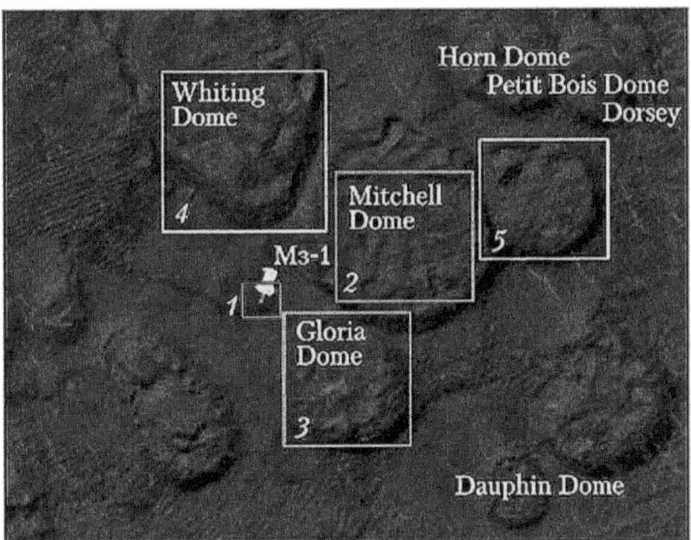

Fig. 3.13. Imagem de satélite da área próxima da localização do poço de emergência no Golfo do México. A posição do poço no local está assinalada com um marcador. As curvas de nível rectangulares são as colinas locais onde é efectuado o processamento de FR [122].

A posição do poço na imagem é indicada com um marcador. Os números junto aos rectângulos na Fig. 3.13 mostram a sequência de processamento de ressonância de frequência de fragmentos de imagem individuais.

Fragmento 1 (zona de localização do poço). Ao processar uma imagem da superfície, foram registadas respostas nas frequências de ressonância do petróleo, do condensado, do gás, da lonsdaleite, do sal de potássio e magnésio, das rochas sedimentares do 8° (dolomite) e 9° (margas) grupos, bem como do 7° e 8° grupos de rochas ígneas.

Os sinais do 7° grupo de rochas ígneas (ultramáficas) foram registados

89

no intervalo de profundidade de 6230 m - 723 km.

Na superfície de 57 km, foram recebidas respostas de petróleo, condensado, gás, lonsdaleite e sal de potássio e magnésio. De notar também que os sinais de sal de potássio e magnésio e de água morta foram igualmente registados na fronteira de 59 km - a superfície de síntese destas substâncias.

Ao varrer a gama de 4250-6230 m (com um passo de 10 cm), foram obtidas respostas de óleo de margas nos seguintes intervalos: 1) 4280-4322 m; 2) 4347-(sinal intenso)-4706 m; 3) 4992-(sinal intenso)- 5635 m.

Ao fazer a varredura da faixa de 2150-4245 m com um passo de 10 cm, as respostas do óleo de dolomita foram obtidas nos intervalos: 1) 2175-2196 m;

2) 2290-2330 m; 3) 2385-2460 m; passo 50 cm, 4) 2700-2733 m, 5) 31903223 m; 6) 2545-3566 m. Neste intervalo, também foram recebidos sinais muito fracos de condensado e não houve respostas de gás.

Em todo o intervalo de 4245-6250 m, foram obtidas respostas intensas nas frequências do petróleo e do gás das margas, bem como sinais de condensado de fraca intensidade. A partir do intervalo de rochas ultramáficas (6280 m - 723 km), foram registadas respostas intensas de petróleo, condensado e gás. **Fragmento 2** (domo Mitchell). No processamento da imagem, não foram registados sinais de petróleo, condensado, gás, água, sal e rochas ígneas. Apenas foram recebidas respostas do 8º grupo de rochas sedimentares (dolomites). A raiz do vulcão de dolomite foi identificada a uma profundidade de 470 km.

Fragmento 3 (Cúpula da Glória). Durante o processamento de uma imagem da superfície, as respostas dos hidrocarbonetos, do hidrogénio, da água, do sal e das rochas ígneas não foram registadas. Apenas foram recebidos sinais do 9º grupo de rochas sedimentares (margas). A raiz do vulcão, cheia de marga, foi determinada a uma profundidade de 723 km.

Fragmento 4 (Domo de Badejo). Ao processar uma imagem da superfície, foram registados sinais de petróleo, condensado, gás e o 7º grupo de rochas sedimentares (calcários). A raiz do vulcão, cheia de calcário, foi identificada a uma profundidade de 723 km. À superfície de 57 km, foram recebidas respostas de petróleo, condensado e gás.

Fragmento 5 (cúpula sem nome). Durante o processamento da imagem da superfície, foram registadas as respostas do hidrogénio, do sal de potássio e magnésio e das rochas ígneas do grupo 6 (basaltos). Não foram registados sinais de hidrocarbonetos, âmbar, sal e rochas sedimentares. O limite inferior dos basaltos foi estabelecido a uma profundidade de 95,340 km, e o limite superior dos basaltos foi determinado por varrimento a uma profundidade de 1650 m.

A imagem completa. No processo de processamento por ressonância de frequência de toda a imagem da superfície, foram registadas respostas de 1-10 grupos de rochas sedimentares e 1, 6 (fraco), 7, 8, 9, 11, 12 e 13 grupos de rochas ígneas.

A presença e as profundidades das raízes dos vulcões preenchidas com as seguintes rochas foram determinadas através do registo das respostas de FR: 1) rochas sedimentares dos grupos 1-6 - 470 km; 2) calcários - 723 km; 3) dolomitos - 723 km; 4) margas - 723 km; 5) rochas siliciosas - 723 km; 6) rochas ultramáficas - 723 km; 7) kimberlitos - 723 km; 8) granitos - 996 km; 9) basaltos - 95 km.

Os resultados do levantamento de reconhecimento das áreas locais da localização de vários poços de petróleo são apresentados como manchas em diferentes áreas do Golfo do México.

As medições instrumentais de resultados indicam que todos os nove locais de pesquisa no Golfo estão localizados acima dos vulcões, dentro dos quais a síntese de petróleo, condensado e gás é realizada na fronteira de 57 km. Nos contornos de tais vulcões, existem canais profundos através dos quais o petróleo, o condensado e o gás migram para a secção dos horizontes superiores e podem reabastecer os depósitos já formados nos depósitos explosivos. Se os pneus fiáveis estiverem por cima, não existem tais canais, o petróleo, o condensado e o gás podem migrar para a coluna de água e o gás para a atmosfera.

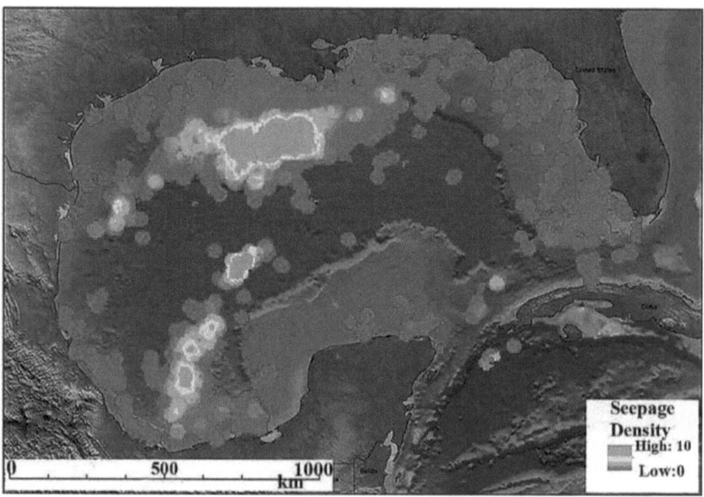

Fig. 3.14. Mapa das infiltrações de petróleo e gás no Golfo do México [10].

No processo de migração, formam-se infiltrações de gás no fundo do mar e manchas de petróleo na superfície da água (Fig. 3.14).

3.4. Estruturas da plataforma brasileira. Campos de petróleo e gás muito grandes (gigantes) foram descobertos e estão a ser desenvolvidos na plataforma brasileira, incluindo em depósitos do pré-sal [1, 6, 145].

As reservas de hidrocarbonetos encontram-se abaixo de uma camada de sal com cerca de 2,0-3,0 km de espessura e abaixo de mais de 2,0 km m de sedimentos pós-sal em profundidades entre 1,9 - 3,0 km.

A maior parte dos depósitos explorados está localizada nas principais estruturas da margem continental ocidental, dentro das bacias de Campos, Santos e Pelotas. Dentro de seus limites, foram realizadas varreduras de reconhecimento seletivo em alguns pontos e áreas (Fig. 3.15).

Fig. 3.15. Mapa de localização das áreas dos pontos de varredura na margem atlântica brasileira.

Isto permitiu obter dados sobre a estrutura profunda e as suas possíveis perspectivas de hidrocarbonetos. É de salientar que os dados obtidos poderão ser utilizados para avaliações fundamentais nas novas áreas, embora sejam preliminares.

Na primeira área, um grupo de elevações na topografia do fundo do mar (monte submarino Besnard; lineamento Vitória-Trinidade) aparece na imagem de satélite (Fig. 3.15) ao norte da Bacia de Campos (Fig. 3.16). Abaixo está uma seção modelo resumida da Bacia de Campos, compilada a partir de dados geofísicos [146], que dá uma idéia da arquitetura de camadas individuais e da estrutura profunda da região.

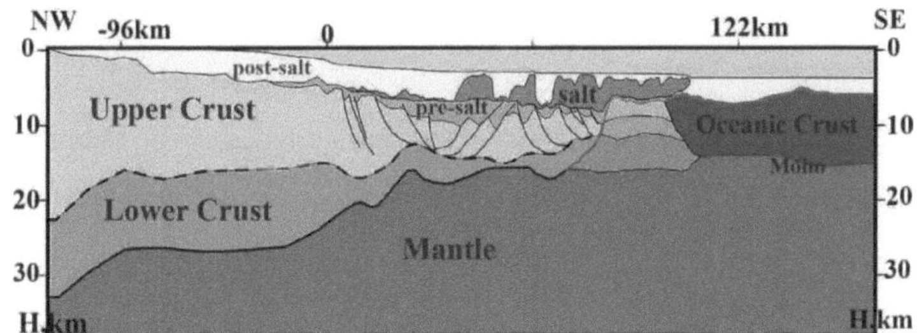

Fig. 3.16. Possível modelo de secção geológica (por dados geofísicos) da Bacia de

Campos [145].

Foram registadas respostas de intensidade variável num ponto 1 (SP1) de petróleo, condensado, gás, xisto, brecha argílica, hidratos de gás, sal de potássio e magnésio, e de 1-7 grupos de rochas sedimentares, bem como 6, 7 e 11 grupos de rochas ígneas.

Foram determinadas as raízes dos seguintes canais (vulcões): 1) rochas sedimentares dos grupos 1-6 - 470 km; 2) rochas sedimentares do grupo 7 (carbonatos) - 723 km; 3) rochas ígneas dos grupos 6, 7 e 11 - 723 km.

As respostas do petróleo foram obtidas nos intervalos: 1) 1830-2560 m; 2) 2670 - (forte) (muito forte) (muito forte - 4200 m) (4600 m - forte de novo) - 5030 m; a um passo de 5 m, 2) 8940 - (forte) (muito forte) (pela primeira vez de tal intensidade) (muito forte) - 14500 m (até 15 km traçados).

Estes dados permitem-nos supor as possíveis perspectivas profundas de uma grande região situada a leste das zonas estudadas conhecidas (Fig. 3.15).

3.4.1. A área da Bacia de Santos. É uma das maiores bacias sedimentares brasileiras, local de uma província petrolífera do pré-sal com vários campos gigantes de petróleo e gás recentemente descobertos, incluindo a primeira grande descoberta do pré-sal, Tupi (8 mil milhões de barris), Búzios e alguns outros campos com uma estimativa de 8 a 12 mil milhões de barris de petróleo recuperável (Fig. 3.17).

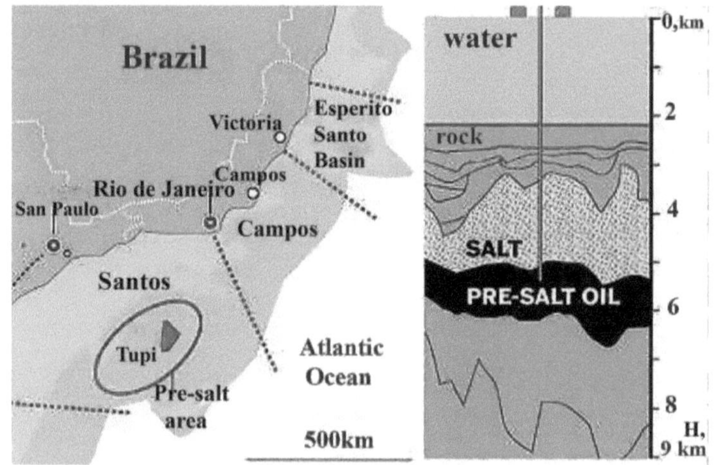

Fig. 3.17. Mapa principal do campo petrolífero gigante do pré-sal Tupi [1, 6] na Bacia de Santos, Brasil.

Para um dos grandes campos petrolíferos (Búzios), foi processada uma imagem de satélite e foram registados sinais de petróleo, condensado, gás, xisto, hidratos de gás, etc. Foram registadas respostas de grupos sedimentares (1-6) com a raiz de um canal profundo a uma profundidade de 470 km, bem como de rochas ígneas (apenas a sétima). Foi determinado que os sais de potássio ocorrem a uma profundidade de 2,0-3,0 km (2160-2940 m). Foram obtidas respostas de intensidade variável (quando a varredura é de até 15 km) de petróleo a partir de profundidades de 3997-5210 m, bem como 906014800m.

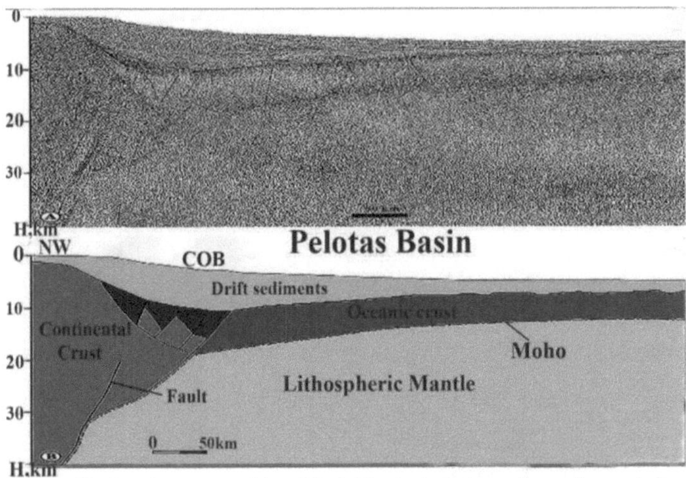

Fig. 3. 18. Secção esquemática (**B**) da Bacia de Pelotas, baseada em dados sísmicos (**A**) [1]. A localização está na Fig. 3. 15.

3.4.2. Área da Bacia de Pelotas. A Bacia de Pelotas está localizada no extremo sul da Margem Continental Brasileira (Fig. 3.15, 3.18), e tem uma área de aproximadamente 210.000 km^2 até a isóbata de 2000m e cobre 40.000km^2 offshore, entre 28° e 34°S. A bacia continua a ser relativamente pouco explorada, com poucos dados de sondagens, e situa-se maioritariamente em águas pouco profundas.

Alguns dos dados sísmicos 2D mostram analogias com a acumulação de hidrocarbonetos de outras bacias brasileiras (como Campos e Santos), mas a Bacia de Pelotas teve outra história evolutiva. O rifteamento sul-norte foi acompanhado de intensa atividade vulcânica. Na Bacia de Pelotas, o reconhecimento e a varredura média de FR foram realizados na área mostrada em [40].

Foram registadas respostas FR de intensidade variável de petróleo, condensado, gás, hidrato de gás, carvão, antracite e 1-6 grupos de rochas sedimentares. A raiz do vulcão de rochas sedimentares foi determinada a uma profundidade de 470 km.

As respostas do petróleo, condensado, gás (intenso) e fósforo foram obtidas na parte superior da secção transversal (a uma profundidade de 1 m). Isto indica que os hidrocarbonetos e o fósforo migram através da coluna de água para a superfície, e que o gás com fósforo está a migrar para a atmosfera (há sinais a 0 m de profundidade). As respostas baixas do petróleo começaram a ser registadas a partir de 850 m. As respostas baixas do gás começaram a ser registadas a partir de 240 m.

Uma descrição completa dos resultados do varrimento FR noutras áreas localizadas perto da área de estudo é dada em [137, 138]. Apenas se pode notar que em algumas delas não foram registados sinais de petróleo, condensado, gás, fósforo, sal e rochas ígneas. Foram registadas respostas de 8 (dolomites) e 9 (margas) grupos de rochas sedimentares. Os resultados do processamento de fragmentos individuais da imagem de satélite mostram que nesta área existem dois complexos vulcânicos preenchidos com rochas sedimentares dos grupos 1 -6 e 9 (dolomite). Os resultados de FR obtidos em um grande campo de petróleo (Búrios) na Bacia de Santos, no sítio (1) na Bacia de Campos (2), bem como na Bacia de Pelatas (3) confirmam a eficiência destes métodos adicionais de processamento de imagens de satélite na busca e exploração de hidrocarbonetos em áreas offshore.

Na ausência de informações fiáveis ideais, é possível responder a algumas questões importantes durante uma avaliação fundamental preliminar das perspectivas de novas áreas locais individuais e de vastas áreas antes de realizar operações sísmicas e de perfuração dispendiosas.

Convém igualmente referir que, no decurso da investigação, foi desenvolvida uma técnica de localização das zonas em que se efectua a migração de hidrocarbonetos para a coluna de água e de gás para a atmosfera. Esta técnica pode ser aplicada adicionalmente à investigação para detetar e localizar marés negras e infiltrações de gás.

3.5. Algumas zonas do Mar Negro. Sabe-se da estreita ligação entre os centros nodais da intersecção de falhas profundas com a localização de áreas de infiltrações de gás e com manifestações superficiais de hidrocarbonetos [62]. A presença de infiltrações pode indicar a formação de reservas de petróleo e gás nos sedimentos marinhos dessas áreas. Os novos resultados do estudo FR para pontos no Mar Negro (Fig. 3.19) permitem obter novos dados quantitativos sobre a possível profundidade das fontes de desgaseificação em locais de libertação ativa de gás das estruturas do fundo do Mar Negro.

Os novos dados de varrimento FR confirmam a perspetiva real de descoberta de depósitos de hidrocarbonetos em muitas áreas da plataforma do Mar Negro. São promissores para a formação de depósitos de petróleo e gás, atualmente apenas parcialmente descobertos. O facto de os horizontes profundos deverem ser estudados e abertos é especialmente digno de nota porque é a eles que estão associadas as maiores manifestações de hidrocarbonetos. A natureza profunda dos fluidos gasosos ascendentes pode ser indiretamente indicada pela deteção de mercúrio nos mesmos, bem como de ouro e elementos de terras raras, provavelmente formados em condições de crosta-manto [46].

O grande número de áreas de libertação ativa de gás em muitas partes do Mar Negro pode ser explicado pelos processos de desgaseificação profunda, nos quais as falhas profundas desempenham um papel importante. Por conseguinte, o estudo das peculiaridades da possível composição e escala da migração profunda de fluidos, bem como uma tentativa de avaliar a posição das suas fontes, contribuirá para o desenvolvimento de novas direcções para a procura de campos de petróleo e gás no Mar Negro.

3.5.1. A parte ocidental do Mar Negro. Nos últimos 15-20 anos, foi descoberto no Mar Negro um grande número de vulcões de lama e muitas (mais de dez mil) fontes de gás com diferentes (de 10 m a muitas centenas de metros) alturas de chamas de metano. Uma parte significativa destas fontes está localizada nas estruturas da plataforma e do talude continental [27, 39, 46, 47, 50, 51, 69, 75, 98, 107, 143]. Por exemplo, só na foz do desfiladeiro do paleo-Dnieper (Fig. 3.19), numa área de 1 540 km2, foram registadas 2 778 chamas de gás a profundidades de 66-825 m [95].

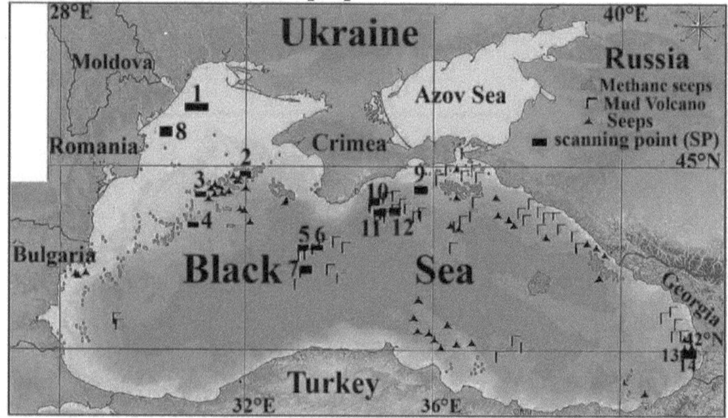

Fig. 3.19. Mapa esquemático da distribuição de filtrações e vulcões de lama no Mar Negro [86, 95].

A nossa experiência de investigação dos locais de acumulação de infiltrações e pockmarks em muitas estruturas das margens continentais do Oceano Mundial indica a presença de fontes principalmente profundas de formação de uma vasta classe de hidrocarbonetos, geneticamente unidos pelos processos de desgaseificação [62]. Para efetuar estudos de reconhecimento na plataforma noroeste do Mar Negro, os contornos do local, a posição do poço perfurado e os contornos das "chaminés de gás", descobertos de acordo com os dados da interpretação complexa de informações geológicas, geofísicas e geoquímicas, são traçados na imagem de satélite (Fig. 3. 20)

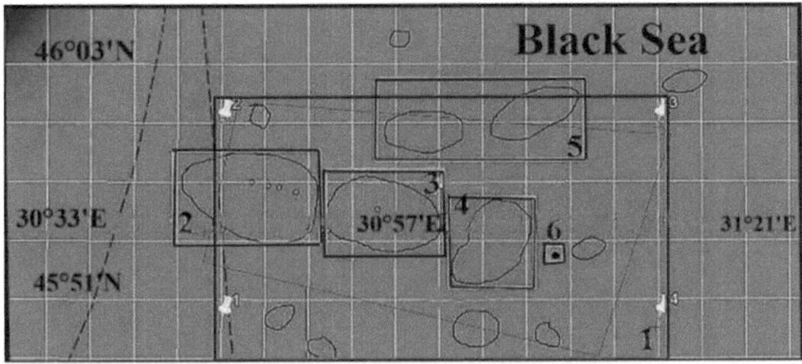

Fig. 3.20. Imagem de satélite da região de Pradniprovskiy com as zonas de processamento de FR (rectângulos 1-6).

Retângulo 1. No processo de processamento da imagem de toda a área a partir da superfície, foram registadas respostas de petróleo, condensado, gás, fósforo, xisto, hidratos de gás, antracite, hidrogénio e sal. Na superfície de 57 km, foram recebidas respostas de petróleo, condensado e gás.

Foram obtidas respostas de gás, dióxido de carbono, hidrogénio e fósforo na superfície de 0 m da parte superior da secção. Isto indica a sua migração para a atmosfera.

Ao varrer a secção desde a superfície até 6000 m, passo 50 cm, foram obtidas respostas em frequências de gás nos intervalos: 1) 865-1100 m, 2) 14001780 m, 3) 2170-(2400-intensa) - (2650-muito intensa- 2700) - (2780-2800- muito intensa a 2900)-2940 m, 4) 3500-3690 m, 5) 4185- (5040-muito intensa)- 5100 m, 5) 5445- (5560-intensa)-5650 m.

Retângulo 2. Apenas os sinais do 9º grupo (marga) de rochas sedimentares foram registados durante o processamento de uma parte da imagem no segundo retângulo. **Retângulo 3**. Sinais recebidos em frequências de petróleo, condensado e gás. Também são registados sinais de sal, dolomites e margas. Os sinais de petróleo, condensado, gás e fósforo foram registados na superfície da síntese explosiva de 57 km. Na superfície de 0 m, as respostas do gás e do fósforo indicam a sua migração para a atmosfera. A uma profundidade de 1 km da parte superior da secção, foram recebidos sinais apenas de gás, e a 1,5 km - de condensado de gás e óleo.

Retângulo 4. Sinais registados apenas de margas. O bordo inferior das margas foi fixado a uma profundidade de 218 km, e nos intervalos de 218-723 km e 723-996 km, foram recebidas respostas do 10º grupo de rochas sedimentares (siliciosas) e granitos, respetivamente.

Retângulo 5. As respostas de petróleo, condensado, gás, dióxido de carbono, bactérias, fósforo (amarelo), xisto, hidratos de gás, antracite e rochas sedimentares dos grupos 1-6 e 9 (marga) estão registadas na área. Na superfície de 0 m, as respostas obtidas de gás, dióxido de carbono e fósforo indicam a sua migração para a atmosfera. A uma profundidade de 1 km da parte superior da secção, foram recebidos sinais apenas de gás, e a uma profundidade de 1,5 km - de gás, condensado e óleo.

Retângulo 6, local de localização do poço. Foi efectuado um exame mais detalhado de três intervalos no poço, no âmbito do qual os teores de dióxido de carbono, azoto e gás (metano) nas amostras do núcleo foram determinados utilizando a análise química por espetrometria de massa [2, 3].

Intervalo 2142-2150 m: registaram-se respostas de dióxido de carbono, azoto, gás (metano), fósforo (amarelo) e do 7º grupo de rochas sedimentares (calcário). Intervalo 2265-2275 m: foram registados sinais de dióxido de carbono, azoto e calcários. Intervalo 2370-2375 m - há respostas de dióxido de carbono, azoto, gás e fósforo.

Os resultados das análises indicam as perspectivas de certas áreas locais na zona de Dniester (a oeste do poço Pradniprovska-2), o que confirma a avaliação preditiva apresentada em [70]. De seguida, apresentam-se alguns resultados de estudos de FR para pontos de exploração (SP) de centros de emissão de gás na parte ocidental do Mar Negro (Fig. 3.21).

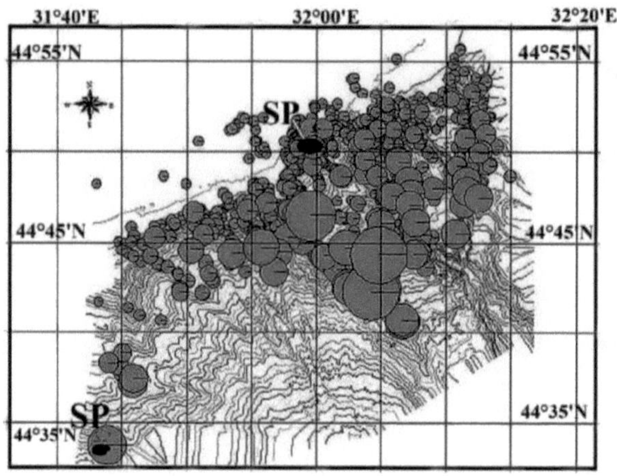

A

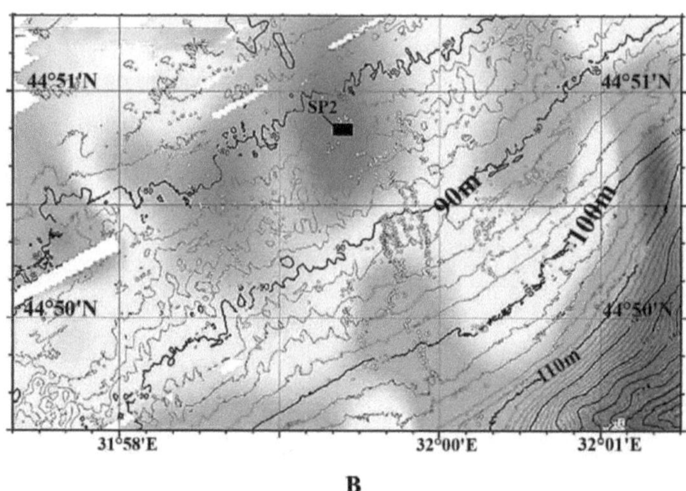

B

Fig. 3.21. Descarga de metano no rio Dnieper (A) área do paleo-delta com a localização **do SP**. Círculos - valores do caudal de metano (0,01-509,8 litros/minuto), por [2,3]; **B** - mapa do caudal de **metano** [27] e a posição do ponto de rastreio (SP2) na parte ocidental do Mar Negro.

Esta zona pode ser considerada uma das áreas mais activas de manifestações de metano.

A emissão é uma consequência direta da libertação ativa de gás metano nas águas superficiais, onde a sua concentração determinada é significativamente (2-2,5 vezes) superior ao valor médio da concentração de metano nas águas próximas da superfície da plataforma noroeste do Mar Negro [27].

Ao longo de todos os anos de investigação, a área do paleo-cânion do Dnipro foi estudada com mais pormenor (Fig. 3.21), onde foram registadas 1295 infiltrações numa área de 345 km 2 na gama de profundidades de 141,4 m-725,5 m. Para cada uma das infiltrações, foram obtidas estimativas do fluxo de emissão de metano a partir do fundo marinho.

Os pontos de exploração (**SP1-SP3**) estão situados nas zonas de emissão de gás nas estruturas deltaicas dos paleo-rios (Kalanchak, Dnipro, Dniester, Danúbio) e perto da fronteira sul da plataforma da Europa de Leste (Fig. 3.21-3.23).

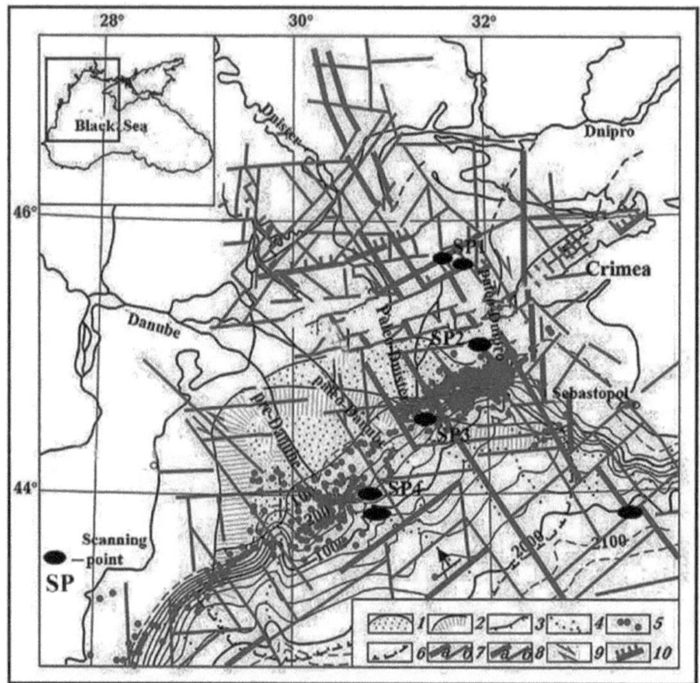

Fig. 3.22. Mapa esquemático da rede fluvial (com elementos tectónicos) da parte noroeste do Mar Negro [52, 95]. 1 - depósitos de delta; 2 - declive; 3 - borda da plataforma moderna; 4 - cones de retirada; 5 - escarpas; 6 - limites de leque; 7,8 - falhas diagonais e ortogonais de diferentes níveis; 9 - deslocamentos ao longo de falhas; 10 - borda sul da Plataforma da Europa Oriental.

O ponto de exploração SP2 está localizado na área do paleodelta do Dnipro (Fig. 3.19-3.24), perto de várias estruturas promissoras de petróleo e gás. Este ponto de exploração está localizado a norte de uma série de perfis sísmicos [30, 50, 75] onde foram descobertas e estudadas secções de BSR - hidratos de gás de fundo os indicadores de presença [39].

Esta zona de plataforma é caracterizada por um sistema

106

desenvolvido de perturbações tectónicas de várias idades e extensões, que controlam a posição dos blocos principais e as trajectórias de ascensão dos fluidos núcleo-mantelo [107].

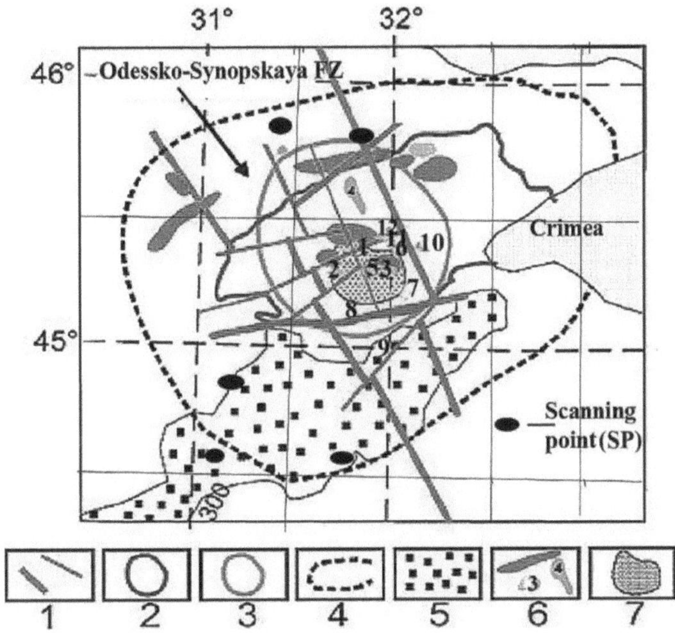

Fig. 3.23. Depósitos de HC e zona crustal de baixa velocidade (LVZ) na parte noroeste do Mar Negro. 1 - fracturas da crosta cristalina de várias ordens; 2 - o limite da Depressão de Karkynitsky; 3 - projeção do "tubo" de desgaseificação; 4 - projeção da LVZ; 5 - (infiltrações, vulcões de lama); 6 - campos de gás e condensados de gás; 7 - estrutura riftogénica antiga (diapir) [44, 45].

Acredita-se que a presença de zonas crustais de baixas velocidades pode ser uma caraterística de diagnóstico profundo na procura local de depósitos minerais de hidrocarbonetos. Atualmente, a presença de hidrocarbonetos na zona LVZ é confirmada por aproximadamente 3.200 saídas de gás activas e oito depósitos de gás e de condensados de gás aqui localizados [44, 45].

Para o ponto de varrimento SP (Fig. 3.23), foram obtidas respostas nas frequências de ressonância do petróleo, gás e condensado, bem como respostas de granitos (17,9-27,8 km) e rochas ultramáficas (a partir de 38,2 km).

Os resultados do scan foram realizados até uma profundidade de 1320 m, registaram sinais de petróleo, condensado de gás e gás (intervalos: 565-702 m; 1130-1315 m) e confirmaram a emissão ativa de gases para a atmosfera. Não foram registados sinais de hidratos de gás no SP2 (ao contrário do ponto SP1).

Sabe-se que nesta região existem muitos factores que influenciam a estabilidade do hidrato de gás, e as previsões da espessura da estabilidade do hidrato de gás são extremamente difíceis [77].

As chaminés de gás podem ser condutas para a migração vertical de fluido e/ou gás e podem ser visualizadas em dados sísmicos como anomalias caracterizadas por reflexões distorcidas e baixas velocidades, através dos mecanismos exactos pelos quais o gás migra da profundidade para alcançar o fundo do mar no leque do Danúbio são ainda mal compreendidos [42, 77].

A varredura no ponto SP3 (Fig. 3.23) foi realizada para uma área local de liberação ativa de gás com uma altura de chamas de metano de 260 m [77], onde foram recebidos sinais de óleo, condensado de gás e gás (intervalos: 315-529 m; 620-925 m). A emissão de gás para a atmosfera também foi registada. Os pontos de exploração (SP2 e SP3) estão localizados perto dos centros de intersecção de Mykolaiv (SP2) e Odesa-Sinopsky (SP3) e das falhas profundas do Circum-Black Sea

[43], que podem criar caminhos para os fluidos gasosos subirem para os horizontes superiores da camada sedimentar (Fig. 3.22). A origem profunda dos metanos é confirmada pelos resultados das sondagens FR.

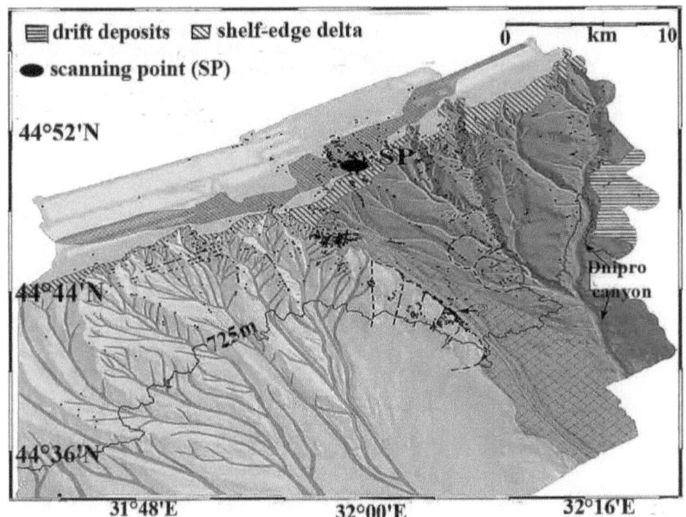

Fig. 3. 24. Mapa da parte do desfiladeiro de Dnipro no noroeste do Mar Negro [77] com localizações de escoadouros, campos de chaminés e localizações de pontos de varrimento (SP2).

O ponto de rastreio SP4 está localizado entre os paleocânions do Danúbio, a norte da zona de distribuição da secção BSR [96] (Fig. 3.22). Não foram registados sinais de hidratos de gás neste ponto, mas foram recebidas respostas intensas de gás a uma profundidade de 1682-1915 m. Os resultados do rastreio confirmam a existência de acumulações de gás livre em armadilhas profundas locais e a sua subsequente migração para a atmosfera através de um sistema de perturbações verticais.

Sabe-se que existem provas da existência de fontes termogénicas e biogénicas de origem gasosa (sobretudo metano) na região do Mar Negro. Os dados sísmicos confirmam a migração de gases profundos [75, Fig. 4].

Foram registadas erupções de gás na coluna de água em mais de 5000 locais no mar Negro, que vão desde as infiltrações relacionadas com vulcões de lama de profundidade [86, 95, 96].

As secções temporais em zonas de vulcões de lama (MSU, Strakhov, etc.) têm limitações de profundidade (Maikop), o que leva, na nossa opinião, a posições subestimadas das fontes de processos profundos de formação de vulcões de lama.

Estes vulcões de lama da bacia marítima profunda do Mar Negro (MSU, Strakhov e Tredmar), de acordo com as suas caraterísticas morfométricas, podem ser classificados em três tipos principais [36].

1000m
43°45'N
Strakhov MV
MSU MV
Tredmar MV
2000
43°00'N
33°00'E
33°30'
34°00'E

A

NW
SE
0
0
MSU MV
1.1 km to NE
2
gas
2495-4496m
signal
5998-7249m
7716-8086m
Maikop
4
6
8
10
H, km
T, sec

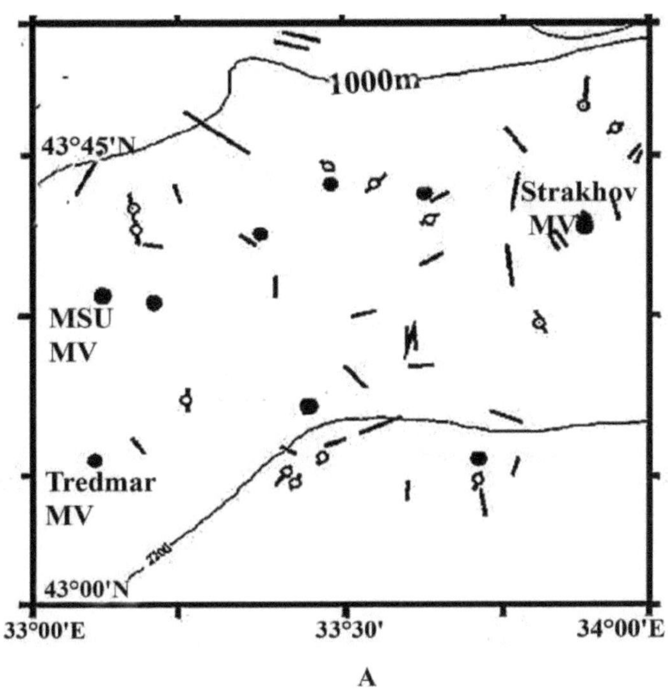

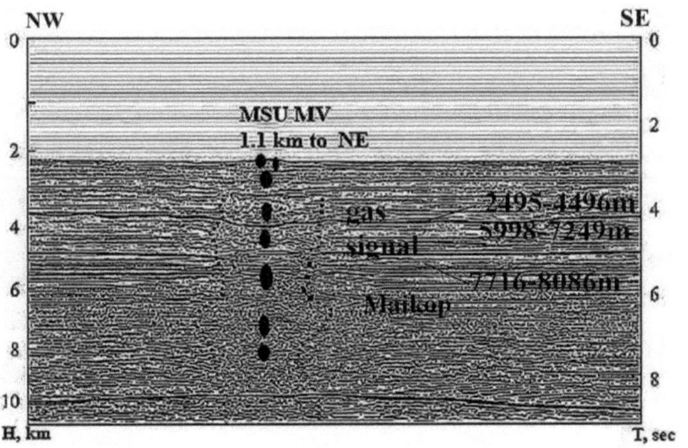

B

O **primeiro tipo** inclui o **vulcão de lama MSU (ponto de varrimento SP5)**, o maior de todos. Caracteriza-se por uma estrutura regular em forma de cone (cerca de 2,5 km de diâmetro na base) e uma altura de cerca de 60 m [95].

A profundidade do mar na zona do vulcão é de 2100 m. Os sinais FR foram registados à superfície com frequências de hidrocarbonetos (petróleo, condensado, gás), bactérias e fósforo amarelo. A partir do intervalo de 2290-8310 m, foram recebidas respostas do sétimo grupo de rochas sedimentares (calcários).

Os sinais comuns nas frequências do gás e do sétimo grupo de calcários foram registados nos intervalos de 2495-4496 m, 5998-7249 m, e 7716-8086 m (Fig. 3.25). A forma da cratera e os dados de FR reflectem a natureza multi-fase (duas ou três) das fortes erupções com diferentes fluxos de lama nos flancos [14].

Os factos da migração do gás e do fósforo amarelo para a coluna de água e para a atmosfera foram confirmados por medições instrumentais.

As estruturas vulcânicas (**ponto de varrimento SP6**) do **vulcão de lama Strakhov (o segundo tipo)** têm declives mais acentuados e tamanhos mais pequenos (Fig. 3.26), cujos canais de alimentação atingem 12 km de profundidade (o Eoceno Inferior), mas o desenvolvimento destes fluxos vulcânicos de lama é carateristicamente fraco, o que pode indicar a sua relativa juventude [14].

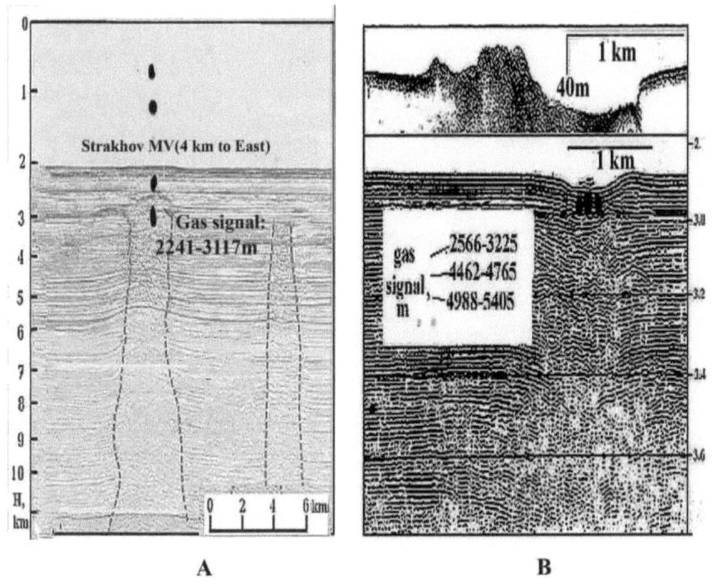

Fig. 3.26. Vulcão de lama Strakhov (**A**) e MV Trednar (**B**) no Mar Negro Central [14, 24, 95] com resultados do sinal de gás FR.

Os sinais de gás foram registados nos intervalos de 945-1565 m e 2241-3167 m. Os factos da migração de gás para a coluna de água e para a atmosfera foram determinados por medições instrumentais.

O **vulcão de lama de Tredmar** (H=2150m, Fig.3.26,**B**) pode ser classificado como **o terceiro tipo** (ponto de varrimento **SP7)**. A sua expressão em relevo é relativamente fraca (com um diâmetro na base de cerca de 2 km, a sua altura não ultrapassa os 40 m). Tem a forma de um cone truncado, no topo do qual se encontra uma cratera, com fluxos de brechas de lama e sedimentos de diferentes idades. Acredita-se que este vulcão de lama seja o mais jovem e o mais ativo atualmente. O gás é composto predominantemente por metano (90-99%) e é de origem mista biogénica e termogénica (Ivanov et al., 1996). Muito provavelmente, as "raízes" dos vulcões de lama encontram-se nos sedimentos espessos com um potencial considerável de hidrocarbonetos da Formação Maikopian [14].

Mas a ligação entre as raízes do vulcanismo de lama e as estruturas não só dos depósitos de Maikop mas também das camadas mesozóicas é caraterística dos vulcões de lama desenvolvidos na depressão ocidental do Mar Negro a sul da Crimeia [95]

Foram registados sinais nas frequências de petróleo, condensado de gás, gás, bactérias e fósforo amarelo. Foram registados sinais comuns nas frequências de gás e do 7º grupo de rochas sedimentares (calcários) nos intervalos de2656-3225 m, 4462-4765 m e 4988-5403 m; não foi efectuada nenhuma sondagem a uma profundidade superior a 5410.

As medições instrumentais confirmaram a existência de condições para a síntese de petróleo, condensado de gás e gás a 57 km de profundidade, bem como os factos de migração de gás e fósforo amarelo para a coluna de água e para a atmosfera.

Os resultados dos estudos de FR indicam a existência de raízes profundas de vulcões de lama, que contribuíram para a formação de um nó de desgaseificação claramente definido nesta área da bacia de águas profundas do Mar Negro. Os dados mostrados na Fig. 3. 26 não coincidem com os resultados dos estudos FR das respostas de gás dentro dos vulcões de lama (MSU e Strakhov MV), mas também indicam a profundidade das suas fontes, excedendo a profundidade dos depósitos Maikop inferiores do Paleogénico [95]

As fontes de libertação de gás estão associadas a poderosos fluxos de hidrocarbonetos do geofluido da génese do manto. Aqui, as falhas profundas controlam a posição dos blocos principais, bem como os canais de migração vertical dos fluidos do núcleo-manto [46, 47].

3.5.2. Processamento de FR da ilha Zmeinyy. Durante o processamento FR da fotografia aérea desta ilha, as respostas foram em frequências ressonantes do sétimo (carbonatos, calcários) e oitavo (dolomites) grupos de rochas sedimentares.

Os sinais de óleo e calcário foram registados nos seguintes intervalos: 1) 885-940 m; 2) 1265-1330 m; 3) 2140-2270 m; 4) 2940-290 m; 5) 34503500 m; 6) 3590-3660 m; 7) 3800-3860 m; 8) 4530-4610 m (o rastreio foi efectuado apenas até 5000 m).

Foi estabelecida a presença de um canal (vulcão), preenchido com calcários, cuja raiz está localizada a uma profundidade de 217 km na zona de fusão de rochas.

A aprovação dos métodos FR de processamento de imagens de satélite e fotografias foi realizada em alguns sectores do Mar Negro, incluindo as áreas locais onde foram perfurados poços de prospeção, preparados para perfuração e em processo de perfuração. Os resultados de muitos trabalhos efectuados foram, na sua maioria, publicados,

3.5.3. Local de poço produtivo no bloco Tuna-1 [103]. Respostas de petróleo, condensado, gás, âmbar, fósforo (branco, castanho, preto, vermelho), xisto betuminoso, hidratos de gás, carvão e antracite foram registadas no processamento de uma imagem de satélite de uma área local do mar [142]. Foram registados sinais de 1 a 6 grupos de rochas sedimentares. A raiz do vulcão de rochas sedimentares é identificada a uma profundidade de 723 km. À superfície de 57 km, foram recebidas respostas de petróleo, condensado, gás, âmbar e fósforo (todas as cores).

Ao fazer a varredura de uma secção a partir da superfície, foram registadas respostas de gás de várias intensidades quase sem interrupção até 57 km: 1) 580- (1500-intensa) -(1650-intensa) -(3700-intensa)(até 4300-intensa)-(5250-intensa)-(5400-muito intensa) -(6300-intensa) -(6700-muito intensa)-(7700-muito intensa), a partir de 10 km - passo de 5 m, a partir de 15 km - 10 m, a partir de 56950 m - 10 cm, a partir de 56994 m - 1 cm, a partir de 56999.70 - 1 mm, até 57000.40 m.

Assim, nas superfícies de 1 m e 0 m da parte superior da secção, foram obtidas respostas de gás, o que indica a migração de gás através da coluna de água para a atmosfera

As respostas do gás começaram a ser registadas a partir de 2106 m durante o varrimento FR a partir de 2100 m (passo de 10 cm). Foram registadas respostas de óleo e condensado da parte superior da secção a uma profundidade de 3501 m. No processo de análise de imagens, foram processadas imagens de duas áreas locais (central e sul) a sudoeste do poço perfurado.

Área local 2 (central). Ao processar uma imagem da zona, foram registados sinais de petróleo, condensado (com um atraso), gás, âmbar, fósforo (branco), xisto betuminoso, brecha argílica, carvão, antracite, sal de potássio e magnésio (com um atraso), etc. A raiz do vulcão de rochas sedimentares foi determinada a uma profundidade de 470 km.

As respostas nas frequências de gás estavam ausentes da parte superior da secção nas superfícies de 1 m, 2 km, 3 km e 3,5 km, mas foram obtidas nas profundidades de 4 e 5 km. A ausência de respostas de gás a uma profundidade de 1 m permite-nos concluir que a migração de gás para a atmosfera não ocorre nesta área.

Área local 3 (sul). Ao processar uma imagem desta zona, foram registados sinais de fósforo (branco), diamantes, grupo 11 (kimberlitos), e grupos 12 e 13 de rochas ígneas. Ao registar respostas a várias profundidades, a raiz do vulcão kimberlito foi determinada a uma profundidade de 723 km. A borda superior do vulcão kimberlito está localizada no intervalo de 1,5-1,7 km. Ao varrer a secção de 1700 m, para o passo 1 m, as respostas em frequências de diamante começaram a ser registadas a partir de 1800 m e foram rastreadas até 33,95 km. O início do segundo intervalo de respostas em frequências de diamante foi registado a uma profundidade de 65,9 km.

3.5.4. Local do poço proposto SK-6. Esta imagem (Fig. 3. 27) mostra que o poço proposto SK-6 (S-6 na figura) está localizado na região do poço produtivo perfurado na área de Tuna-1. Para o processamento de FR, foi utilizado um fragmento da área local do poço SK-6, que é indicado por um contorno retangular (Fig. 3.27).

Fig. 3.27. A posição dos poços propostos para perfuração na zona económica exclusiva da Turquia na imagem de satélite do Mar Negro [18]. A localização do local do estudo com o poço SK-6 (S-6) é indicada por um retângulo.

Sinais de petróleo, condensado, gás, fósforo (branco), e hidratos de gás (e outros) foram registados quando houve o processamento de FR de um fragmento da imagem (Fig. 3.27), A raiz de um canal profundo (vulcão), foi determinada a uma profundidade de 723 km, foi preenchida com rochas sedimentares de 1-6 grupos.

Nas superfícies de 1 m e 0 m, as respostas às frequências do gás e do fósforo foram registadas a partir da parte superior da secção transversal. Isto permite-nos concluir sobre a migração de gás com fósforo dos sedimentos da secção transversal através da coluna de água para a atmosfera.

Os resultados das análises de FR permitiram avaliar quantitativamente a posição das fontes de desgaseificação e confirmar a hipótese de que "o principal fator na formação de campos de petróleo e gás não são os antigos processos catagénicos geologicamente longos de migração primária de "gotículas" durante a submersão tectónica de estratos sedimentares enriquecidos em matéria orgânica biogénica e desgaseificação profunda da Terra" [46].

Os estudos realizados sobre as estruturas da parte ocidental do Mar Negro atestam a natureza predominantemente profunda das chamas de metano nas áreas de infiltração de gás nas zonas de paleo-delta da parte noroeste do Mar Negro, o que pode ser um argumento adicional para determinar as perspectivas das estruturas locais da plataforma ocidental para os depósitos de hidrocarbonetos.

Seguem-se os resultados das análises selectivas realizadas para pontos individuais localizados na parte oriental do Mar Negro, em zonas onde se conhecem grandes emissões de gases.

3.5.5. Parte NE do Mar Negro (Fig. 3.19, pontos de controlo SP). Foram cartografadas mais de 3500 emissões de gás na vertente continental sudeste da Península da Crimeia, na bacia oriental do Mar Negro [81]. Sabemos que os sedimentos de paleofan em torno das margens do Mar Negro podem gerar grandes quantidades de metano de diferentes origens. Os nossos dados mostraram que o metano estava associado a poderosos fluxos de hidrocarbonetos de génese mantélica.

Para algumas estruturas, os recursos de hidrocarbonetos de toda a zona de Kerch foram estimados em mais de 300 mil milhões de metros cúbicos de gás e 120 milhões de toneladas de petróleo e condensados. Cerca de 600 infiltrações e muitos vulcões de lama foram encontrados apenas na zona do paleo-cama do rio Don; a maioria deles estava localizada a profundidades inferiores a 700 m. A maioria destas estruturas requer um estudo geológico e geofísico pormenorizado [58, 94, 95, 146].

A área de infiltração de Kerch é uma infiltração específica localizada na zona de estabilidade de hidratos de gás (GHSZ) no Mar Negro.

As zonas de Kerch e Batumi pertencem a estas zonas de gás-hidratado, ambas caracterizadas por emissões activas de gás de alto fluxo. Embora se saiba que existem milhares de emissões de gás no fundo do mar acima da ZHG, apenas alguns locais foram encontrados na ZHG, um dos quais é a "zona de Kerch" (Fig. 3.28) [82].

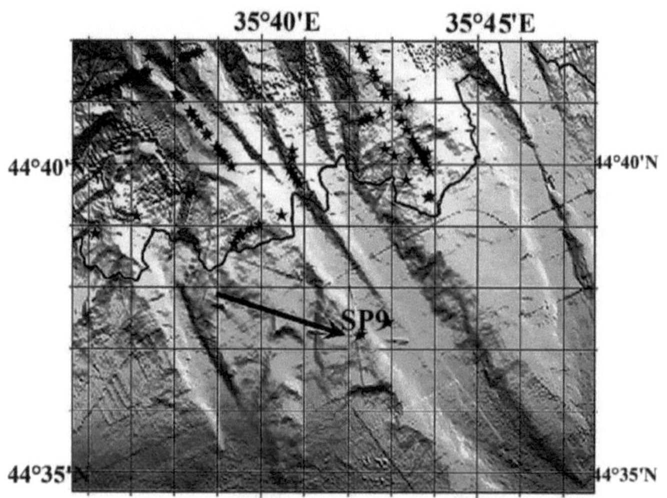

Fig. 3.28. Localização da fonte "Área de Kerch" (SP9) no NE do Mar Negro [2, 3].

Foram efectuados vários exames de FR nesta zona (fig. 3.28); os seus resultados são discutidos abaixo para apenas dois pontos (SP9, SP9-1), localizados especificamente na "zona de Kerch" e perto deste ponto. Os resultados do scan mostraram que (SP9) fixou os sinais de gás, petróleo, condensado de gás, dióxido de carbono, fósforo amarelo e a sua desgaseificação da superfície. Os sinais de gás são registados nos intervalos de profundidade: 916 - 1708 m, 2039 - 2175 m, e mais.

A raiz do vulcão encontra-se a uma profundidade de 218 km. Estes dados podem indicar a presença de fontes profundas adicionais de infiltrações de metano na "área de Kerch", o que confirma a suposição de que o "sistema biogénico" é modulado pelo fluxo de fluido das profundezas [96].

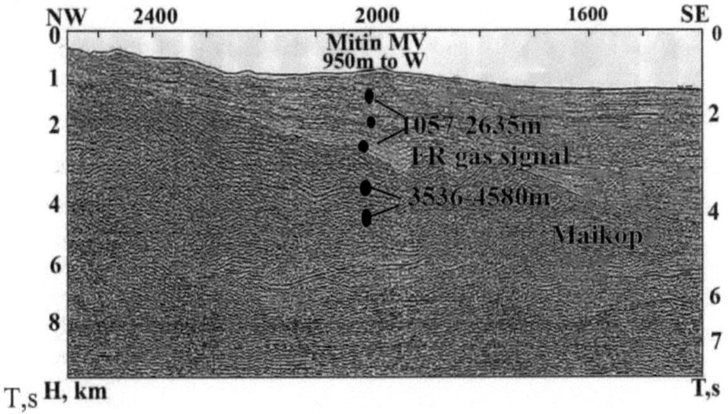

Fig. 3.29. Estrutura dos dados dos pontos de controlo Mitin MV e FR [95, simplificado].

Vulcão de lama de Mitin. A profundidade do mar na zona do vulcão é de 680 m. Este vulcão de lama (Fig. 3.29), tal como alguns dos outros vulcões de lama do Mar Negro, não tem uma ligação claramente definida com estruturas diapíricas, mas está confinado a um sistema de falhas próximo, constituído por várias falhas na parte superior da sequência sedimentar com uma espessura de cerca de 2 km [94, 95]

Foram obtidas respostas nas frequências do sétimo grupo de rochas ígneas (ultramáficas) e do nono grupo de rochas sedimentares (margas). Os sinais nas frequências do petróleo, do condensado de gás, do gás e do fósforo negro foram registados à superfície.

Ao fazer a varredura da secção transversal até uma profundidade de 5300 m, os sinais gerais nas frequências de gás e rochas ultramáficas estavam nos intervalos de 10572635 m e 3536-4580 m.

As medições instrumentais confirmaram a existência de condições para a síntese de petróleo, condensado de gás, gás e fósforo negro a 57 km de profundidade, bem como os factos da migração do gás e do fósforo negro para a coluna de água e para a atmosfera.

Na Calha de Sorokin foram resumidos mais de 25 vulcões de lama, dos quais vários foram investigados em pormenor [109]. De acordo com [26], a Calha de Sorokin formou-se no início do Oligoceno e era composta por uma espessura (5 km) de sedimentos Maikop, sobrepostos por sedimentos do Mioceno Médio - Quaternário (3,5 km). Os sedimentos cenozóicos formam um sistema de dobras de várias origens, incluindo diapires associados à formação de um grande número de vulcões de lama [96]

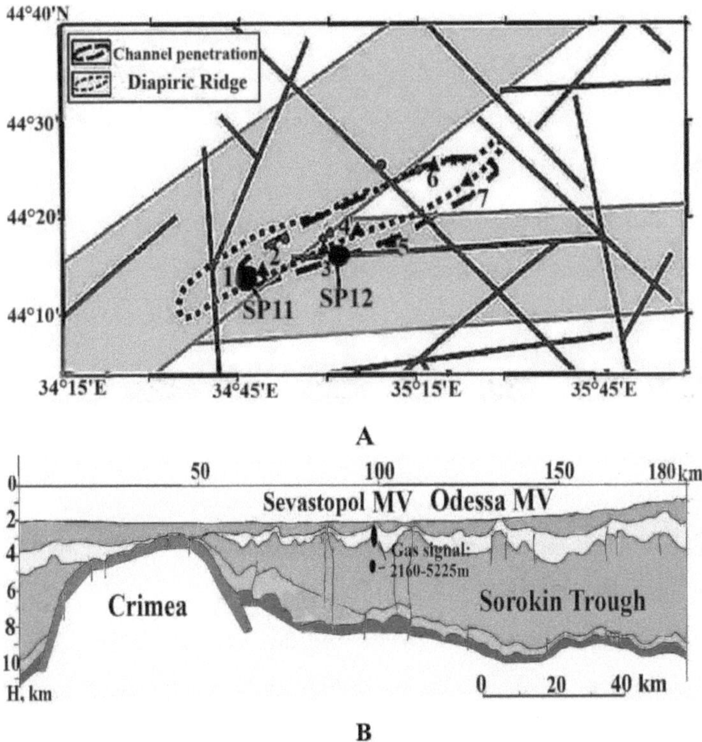

Fig. 3.30. Distribuição de canais de penetração de MVs pré-Mesozóicos (**A**) a 9 km de profundidade e crista diapírica na Calha de Sorokin [86], vulcão de lama: 1-Sevastopol 2-Yalta 3- Dvurechenskii 4-NIOZ 5- Kazakov 6-Tbilisi ,7-Istambul vulcão de lama; **B**- secção **geológica** de uma parte do Mar Negro Oriental com os dados FR para o MV de Sevastopol, Calha de Sorokin [108].

Na parte central da calha de Sorokin (SP10, fig. 3.19), foram obtidas respostas para rochas sedimentares, sedimentares-volcanogénicas e magmáticas (ultramáficas). Uma análise mais detalhada dos dados mostrou a presença de vulcões de lama com canais preenchidos com rochas sedimentares e vulcanogénicas-sedimentares, que podem ser atribuídas a estruturas com raízes no manto.

"A geração de gás ocorre nos sedimentos abaixo de 7,2 km, e o gás termogénico é um produto secundário da transformação pós-genética de hidrocarbonetos de origem biológica na cobertura sedimentar" [94, 95].

Vulcão de lama de Sevastopol (SP11, Fig. 3.19, 3.30). Os sinais FR foram registados em frequências de petróleo, gás e condensado de gás. Foram registadas frequências de 1-6 grupos de rochas sedimentares e gás no intervalo de 2160-5225 m. Também foram registadas respostas nas frequências de gás e fósforo a 2000 m de profundidade (facto da migração). Os dados sísmicos mostram que a sua evolução está relacionada com uma estrutura diapírica com duas cristas por baixo do vulcão de lama. A migração ascendente de fluidos está concentrada ao longo de um sistema de falhas profundas [108]. Acredita-se que este vulcão de lama pertence a vários vulcões activos no Mar Negro, indicando possíveis acumulações de hidrocarbonetos, cujas fontes são de origem profunda.

O vulcão de lama de Dvurechensky (Fig.3.31) está periodicamente ativo na calha de Sorokin. A profundidade do mar na área do vulcão é de 2066 m; o seu diâmetro é de cerca de 1100 m.

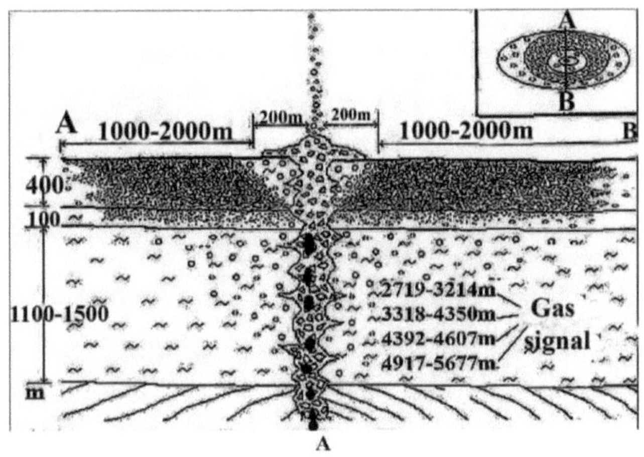

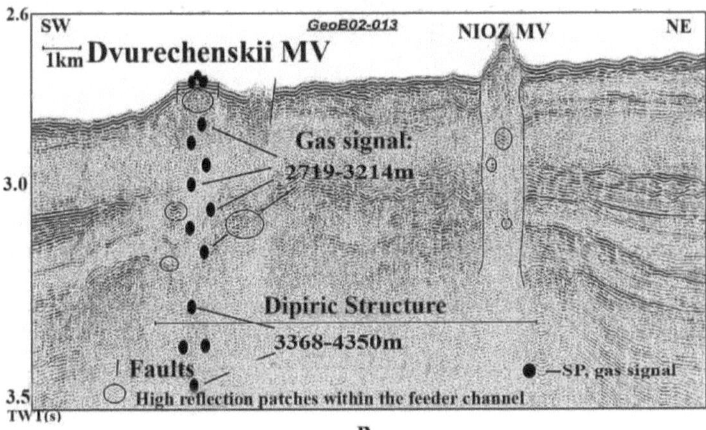

Fig. 3.31. A estrutura do vulcão de lama de Dvurechensky (**A**), e a sua secção sísmica profunda [96, 108, simplificada].

Os sinais nas frequências de gás foram registados nos intervalos de profundidade: 27193214 m, 3368-4350 m, 4392-4607 m, e 4917-5677 m (não foram efectuadas sondagens mais profundas). As

125

medições instrumentais confirmaram a existência de condições para a síntese de petróleo, condensado de gás, gás e fósforo branco à superfície (profundidade) de 57 km, bem como os factos de migração de gás e fósforo branco para a coluna de água e para a atmosfera.

Os resultados da aplicação de dados de FR no estudo de uma série de vulcões de lama submarinos da província do Mar Negro permitem atribuir a atividade vulcânica de lama a processos de efeito de desgaseificação de fluidos da crosta-manto em rochas sedimentares. Mostramos que o metano nesta região pode ter origem na crosta profunda ou no manto.

Deve dizer-se que um estudo pormenorizado da "zona de infiltração de Kerch" levou os autores a sugerir um mecanismo diferente para a sua formação. Eles supõem que "o metano é transportado através da coluna sedimentar em direção às fossas sob a forma de bolhas de gás e não através do fluxo de fluidos; a "zona de fossas de Kerch" é um sistema de fossas bastante jovem com uma idade máxima de 500 anos [147].

3.5.6. Parte oriental do mar Negro. Para a parte georgiana da vertente continental do Mar Negro (Fig. 3.19, 3.32) foi efectuada uma série de estudos, alguns dos quais já publicados.

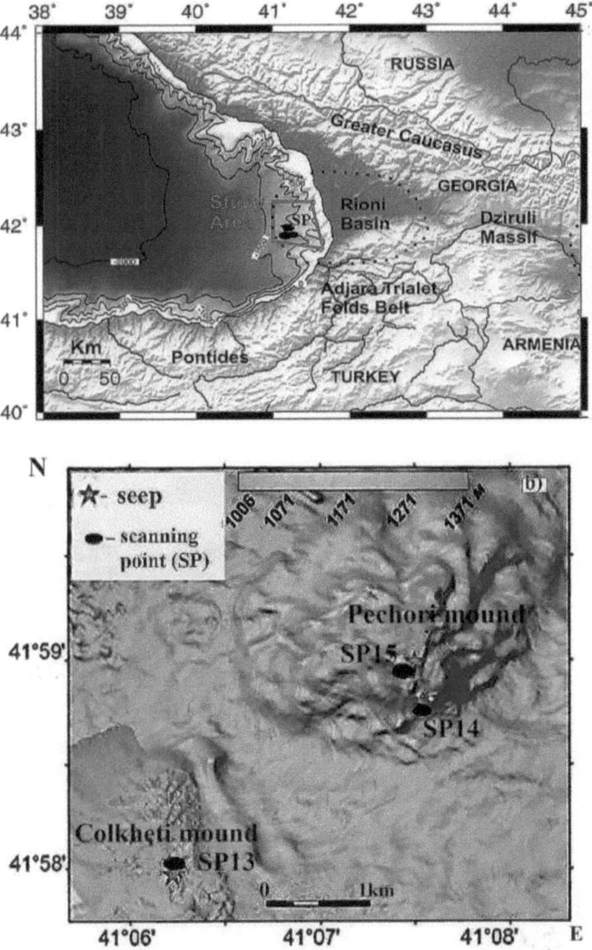

Fig. 3.32. A área de localização do SP (13-15) (a) na parte SE do Mar Negro (o retângulo), e a posição das chamas de gás (b), e os pontos de varrimento (SP13-15) por [43].

A vertente continental de Batumi é caracterizada por um complexo sistema de cumeadas com tendência E-W. Existem

127

numerosas infiltrações de gás no topo ou nos flancos das estruturas das cristas, em profundidades de 850-1200 m. A maior e mais ativa infiltração é a de Batumi, localizada na crista de Kobuleti [108].

Na área SP13 (Fig. 3.33), um sinal de gás é registado a uma profundidade de 1075m - 1596m (não foram realizadas mais sondagens), e está a desgaseificar a partir da superfície.

Para o SP14 (Fig. 3.32, Pechori), foram obtidos sinais de gás (nas profundidades: 1221m - 1522m, 1673m - 2226m) e de fósforo amarelo, bem como a sua desgaseificação da superfície.

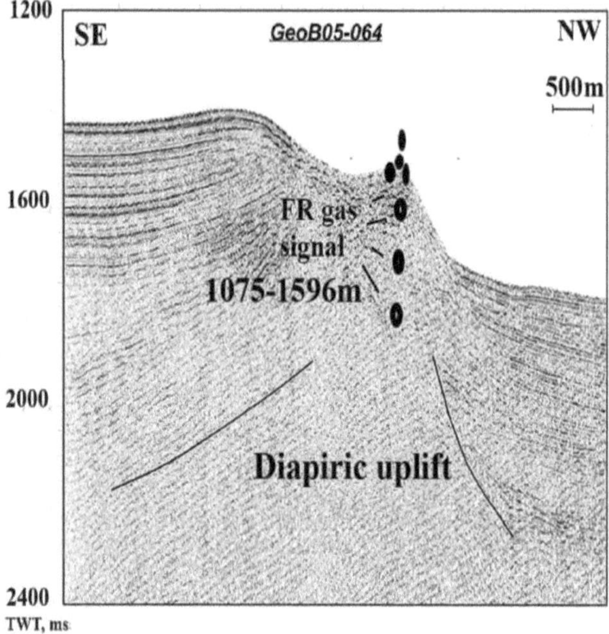

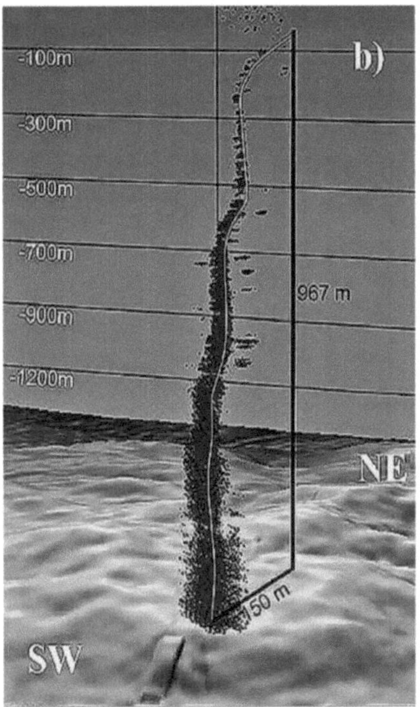

Fig. 3.33. Secção sísmica (**a**) da fossa de Colkheti [108, simplificada] com dados de FR (SP13) e o queimador de gás (**b**) em Pechori Mound [43].

No ponto de exploração SP15 (Fig. 3.32, Pechori), o sinal de gás é registado à superfície e nos intervalos de profundidade: 1157m - 1474m e 1811m - 2087m. As profundidades de hidrocarbonetos para os pontos de exploração são indicativas, podendo ser especificadas durante a investigação detalhada.

Deve notar-se que alguns autores acreditam "que a rocha-mãe em todos os locais é mais jovem do que o Cretáceo Médio em idade, e os hidrocarbonetos que ascendem em todas as áreas de infiltração são originários da Formação Kuma do Eocénico e/ou do Grupo Maikop do Oligocénico-Miocénico Inferior, que são consideradas as principais fontes de hidrocarbonetos na região oriental do Mar Negro" [52,71].

3.5.7. Zonas de marés negras na parte oriental do mar Negro.

Foram descobertas marés negras de origem natural e antropogénica na superfície do mar (Fig. 3.34) na parte sudeste do mar Negro [97].

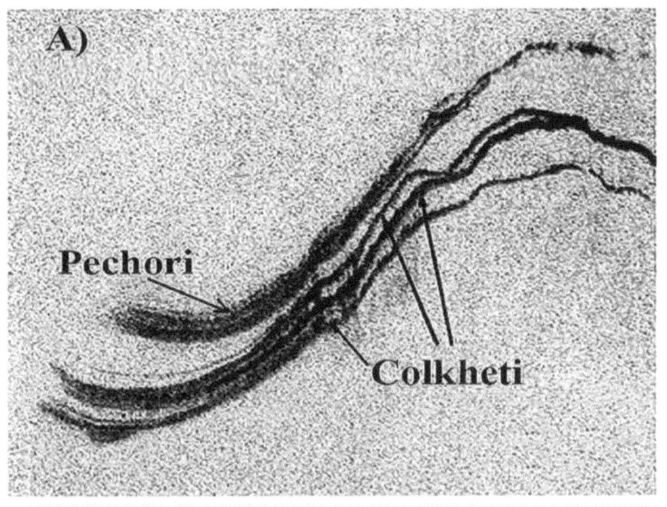

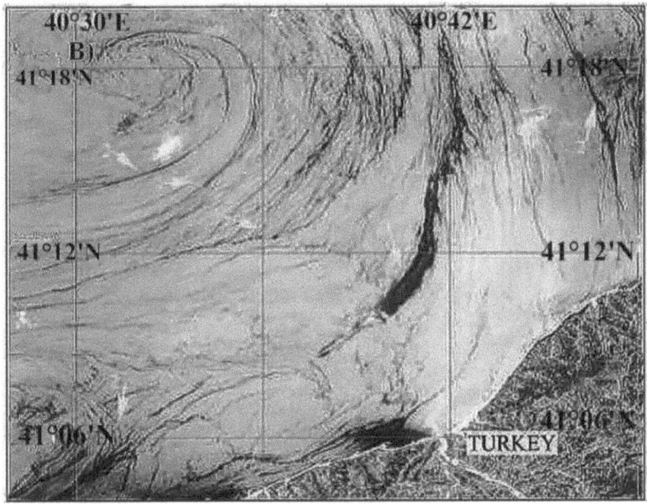

Fig. 3.34. Marés negras à superfície do mar relacionadas com infiltrações naturais em Colkheti Seep e Pechori Mound no Mar Negro Oriental (**A**) e na zona da plataforma turca (**B**), por [57]

As bolhas de gás cobertas de petróleo emitidas pelo Pechori Mound e pelo Colkheti Seep na coluna de água atingem a fronteira mar-

atmosfera em menos de 2,5 h e não sofrem mais alterações geoquímicas durante a passagem. O petróleo e o gás separam-se à superfície do mar, levando à formação de manchas de petróleo na superfície do mar, e o gás escapa-se para a atmosfera [43, 57].

Ao processar uma imagem de satélite de uma mancha de óleo na plataforma turca (Fig. 3.34), foram obtidas respostas de óleo (forte), condensado (forte), gás e âmbar, bem como 1-6 grupos de rochas sedimentares. Os sinais de petróleo, condensado, gás e âmbar também foram recebidos à superfície de 57 km

Como resultado da investigação realizada sobre as estruturas do Mar Negro, foi determinada a natureza profunda e a possível profundidade da formação de montes geradores de metano, foram identificadas áreas de migração de metano para a atmosfera e foi também realçada a ligação das áreas de montes com possíveis depósitos de hidrocarbonetos.

Os resultados da análise FR dos dados limitam o leque de hipóteses para a formação da depressão de Sorokin, de outras estruturas da bacia oriental do Mar Negro e do seu enquadramento.

Tornaram possível avaliar quantitativamente a posição das fontes de desgaseificação e confirmar a hipótese de que "o principal fator na formação de campos de petróleo e gás é a desgaseificação profunda da Terra" [46].

CAPÍTULO 4: PERSPECTIVAS DE APLICAÇÃO DA PESQUISA DE ACUMULAÇÕES NATURAIS DE HIDROGÉNIO

A possibilidade da tecnologia de prospeção direta móvel foi estudada adicionalmente para detetar acumulações de hidrogénio em áreas de desgaseificação de hidrogénio e avaliar (determinar) as profundidades (intervalos) da sua ocorrência. Considerando que o hidrogénio pode tornar-se um combustível ecológico do futuro, e também tendo em conta os materiais de numerosos estudos no âmbito da desgaseificação profunda (de hidrogénio) da Terra [4, 48, 61, 74, 93, 98, 100, 128, 129, 131, 147], pode afirmar-se que o problema da procura de acumulações de hidrogénio natural e da organização da sua produção está a tornar-se bastante relevante.

Alguns resultados das experiências (medições instrumentais) para estudar a possibilidade de métodos de prospeção direta utilizados para localizar acumulações de hidrogénio estão publicados em [137, 138-142]. Existem materiais para trabalhos experimentais adicionais sobre o problema do hidrogénio.

Uma razão adicional para a publicação de materiais sobre questões relacionadas com o hidrogénio foram as mensagens informativas sobre as intenções de algumas das principais empresas petrolíferas do mundo de começarem a produzir hidrogénio "verde" utilizando fontes de energia renováveis [18, 99]. Atualmente, foram desenvolvidas e testadas tecnologias para a produção de hidrogénio a partir da água.

No entanto, muitas revisões analíticas sobre os problemas do hidrogénio não fornecem (mencionam) informações sobre a investigação e o desenvolvimento no âmbito do problema da procura de acumulações de hidrogénio natural (profundo), da sua produção e da sua utilização como combustível. Nesta situação, parece que, em caso de atraso no desenvolvimento de tecnologias eficazes para a prospeção e o transporte de hidrogénio, a indústria geológica da economia mundial pode perder a corrida ao financiamento de projectos para a utilização em grande escala do combustível ecológico do futuro - o hidrogénio.

Na literatura, há muitos artigos dos últimos tempos relacionados com problemas de hidrogénio geológico (abiógeno) [25, 84, 91, 147].

Existem várias fontes possíveis de hidrogénio natural: 1) desgaseificação do hidrogénio profundo da crusta e do manto terrestre; 2) reação da água com rochas ultrabásicas (serpentinização); 3)contacto da água com agentes redutores no manto terrestre; 4)interação da água com superfícies rochosas recentemente expostas (meteorização); 5)decomposição de iões hidroxilo na estrutura dos minerais; 6)radiólise natural da água; 7)decomposição da matéria orgânica; 8)atividade biológica [9, 25, 84, 125, 126].

"A formação de hidrogénio geológico (abiogénico) no interior da Terra está ligada a dois grupos de hipóteses: a produção de hidrogénio secundário na crosta terrestre e no manto superior como resultado da sua emissão a partir da água e de alguns minerais, bem como a descarga de hidrogénio primário do núcleo e do manto inferior acumulado nas profundezas durante a acreção do planeta" [91].

Alguns autores [25] supõem que existe "apenas uma pequena e insignificante influência do hidrogénio subterrâneo não biogénico ("geológico") sobre o conteúdo e o equilíbrio dos gases na atmosfera, até à estratosfera". O autor considera que "o gás magmático e metamorfogénico em certas zonas é formado o suficiente para a acumulação de depósitos significativos dentro de alguns dez mil anos e o potencial de remoção significativa de hidrogénio é óbvio apenas em zonas de falhas atualmente activadas. Mas a possibilidade de o manter durante este período (ou mais) suscita dúvidas.

Os depósitos de hidrocarbonetos **sem o fornecimento de material de grandes profundidades** podem perder reservas em muito menos tempo".

Em [91] o autor diz "Os estudos de hidrogénio de exploração dos seus depósitos devem ser feitos nas zonas de falhas que possam garantir o transporte ascendente de grandes volumes de hidrogénio de acordo com qualquer grupo de hipóteses acima mencionadas. Devem ser falhas fortes e profundas para as quais são atraídos volumes conformáveis para acumulação intermédia de hidrogénio e que são sobrepostas por camadas pouco penetrantes capazes de retardar a desgaseificação ascendente do hidrogénio".

Os projectos de perfuração de poços dentro da localização dos complexos vulcânicos basálticos podem ser importantes para melhorar o processo de pesquisa de hidrogénio natural. Os sinais intensos nas frequências do hidrogénio, nos contornos destas estruturas, são detectados em quase todo o lado (incluindo a pouca profundidade nos sedimentos que cobrem os basaltos). Os processos de pesquisa e produção de hidrogénio natural serão significativamente intensificados se forem descobertas acumulações de hidrogénio em volumes comerciais em vários poços.

Seguem-se alguns dos resultados da aplicação de métodos de FR para detetar e estudar locais e áreas de desgaseificação de hidrogénio obtidos em várias regiões do mundo. É de notar que estes dados pressupõem a presença de hidrogénio, mas não fornecem uma avaliação completa da escala do fluxo da sua libertação [112, 130-134, 137, 140, 142].

4.1. Zona de produção de hidrogénio no Mali.

Atualmente, a produção de hidrogénio e a sua posterior utilização como combustível é realizada, de acordo com os dados disponíveis, no Mali [54, 113]. Este poço, a pouco mais de 100 m de profundidade, onde a mistura gasosa contém mais de 95% de hidrogénio, que é convertido em eletricidade, está em funcionamento há cerca de 14 anos. É de notar que a fonte de hidrogénio permaneceu desconhecida até recentemente.

No entanto, os autores no artigo [111] discutem novos resultados de investigação que iluminam muitas questões da estrutura profunda deste território.

Pensam que "sobre o campo de Bourakebougou, existem reservatórios inteiros de carbonato dolomítico (cársico) em todos os poços perfurados (25) com H_2 na parte superior. Dizem também que "a presença de H2 foi igualmente observada em profundidade, nomeadamente em "certos reservatórios de arenito e no subsolo fracturado" (Fig. 4.1). Durante o processamento de FR, foram registadas respostas de fósforo, hidrogénio, sal de potássio e magnésio, sais de cloreto de sódio, entre outros.

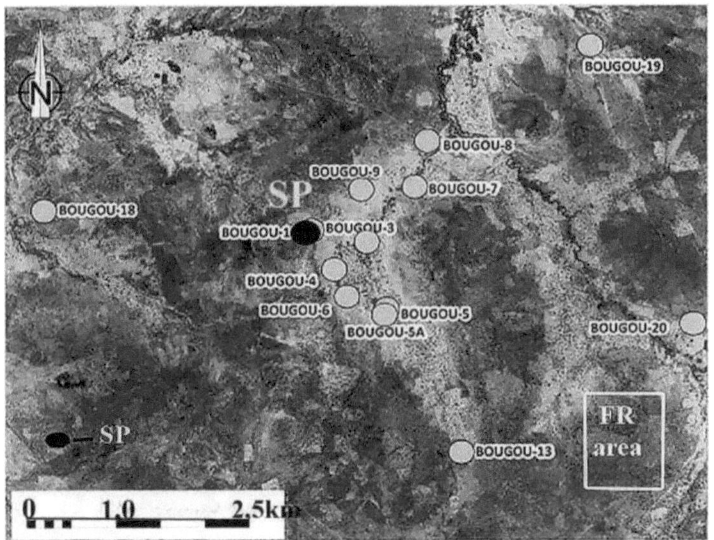

A

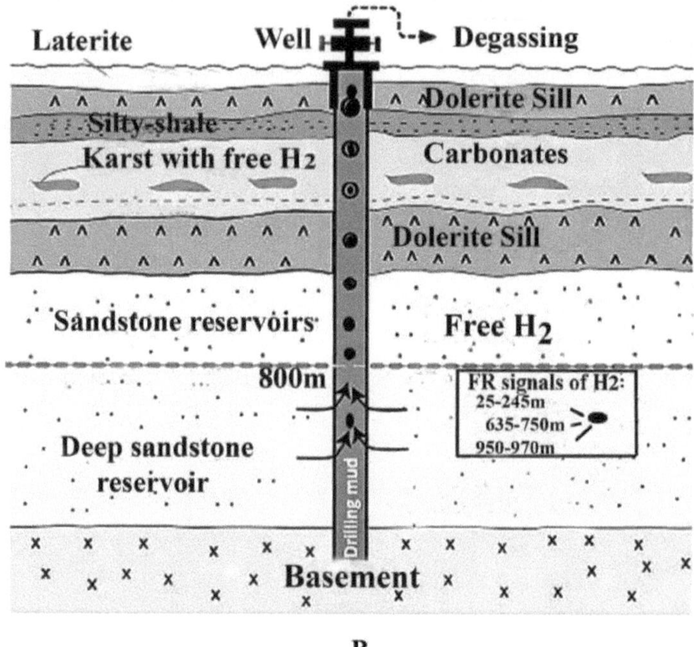

Fig. 4.1. Mapa da zona de produção de hidrogénio no Mali: imagem de satélite da Terra da zona de Burakebugu (**A**); **B-** esquema da secção do poço de desgaseificação [112] e dados dos sinais FR [9].

Registaram-se as respostas do 7º (calcários), 8º (dolomitos), 9º (margas) e 10º (siliciosos) grupos de rochas sedimentares, bem como do 1º (granitos), 6º (basaltos) e 11º (kimberlitos) grupos de rochas ígneas. Foram registadas respostas de baixa intensidade do hidrogénio e dos basaltos. As respostas nas frequências do basalto estavam ausentes quando se processava a imagem sem um fragmento de imagem no retângulo. Este facto indica a dimensão relativamente pequena do vulcão basáltico.

As respostas dos basaltos durante o processamento de um fragmento da imagem num contorno retangular (zona de desgaseificação do hidrogénio) foram registadas. Ao fazer o varrimento da secção transversal a partir da superfície, o bordo superior dos basaltos é fixado a uma profundidade de 125 m.

As respostas do hidrogénio e do fósforo foram registadas à superfície (0 m) a partir da parte superior da secção transversal, o que indica a sua migração para a atmosfera.

Estudos adicionais no local do poço para a produção de hidrogénio (Fig. 4.1, **B)** constataram que o intervalo da secção transversal dos 0-972 m é preenchido por rochas sedimentares do 9º grupo (margas). Neste intervalo, existem três intervalos de respostas (25-245m; 635-750m; 950-970m) a frequências de hidrogénio. O limite superior dos calcários foi determinado a uma profundidade de 970-972 m, e o limite inferior - a 8765 m.

Em Bourakebougou, existe uma falha profunda próxima no subsolo do Proterozoico Inferior (Fig. 4.1), que poderia ser o sistema de distribuição da desgaseificação do manto na descoberta de hidrogénio no Mali [9]

É de notar que os dados de FR apresentados (sobre a profundidade de formação das fontes de desgaseificação de hidrogénio), realizados sem a realização de investigação de campo, confirmaram, na sua maioria, os resultados dos estudos de perfuração detalhados, que foram publicados bastante mais tarde.

4.2. Locais de desgaseificação de hidrogénio. Foram realizados estudos experimentais em locais de perfuração na Letónia, Lituânia,

Alemanha, Espanha, Polónia, Ucrânia e muitos outros países e áreas [130].

4.2.1. Zona da Letónia. A Fig. 4.2 mostra uma imagem do local na Letónia, onde se encontra o poço de hidrogénio perfurado. Uma análise visual desta imagem mostrou que existem zonas locais em que é possível a desgaseificação do hidrogénio. Uma dessas zonas, juntamente com a zona de localização do poço, foi aceite para o estudo. Não há sinais nas frequências de óleo, condensado, gás e hidrogénio na área com o poço. A presença da raiz de um canal profundo (vulcão), cheio de basaltos, foi estabelecida a uma profundidade de 470 km.

O bordo superior dos basaltos foi determinado a uma profundidade de 26 m.

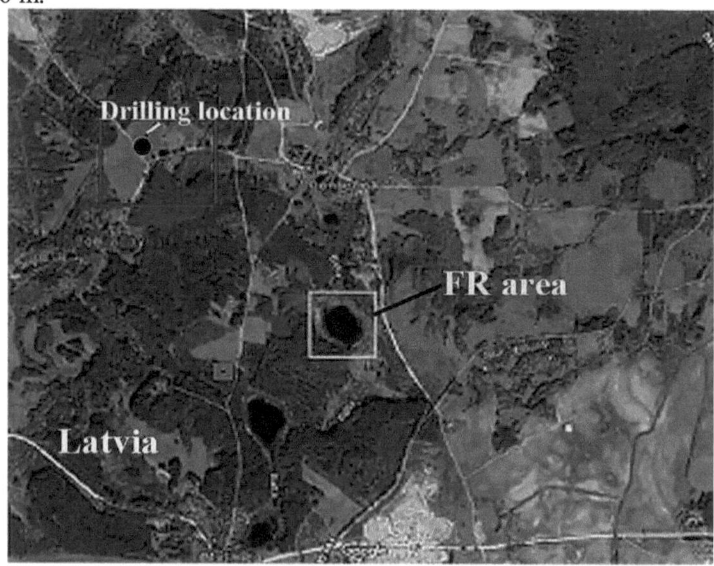

Fig. 4.2. Uma imagem de satélite do local na zona de perfuração de poços para hidrogénio na Letónia.

Note-se também que não se registaram respostas de petróleo, condensado e gás neste fragmento. Na superfície (profundidade) de 470 km, foram registadas respostas de hidrogénio na parte superior da secção transversal.

4.2.2. Área de investigação na Lituânia. Ao processar um fragmento da imagem (num contorno retangular) foram registadas respostas de hidrogénio, fósforo (branco), rochas sedimentares do 9º grupo (margas) e rochas ígneas do 6º grupo (basaltos) (Fig. 4.3, A).

A raiz do vulcão basáltico foi identificada a uma profundidade de 470 km, e o bordo superior dos basaltos foi registado a uma altitude de 254 m. À superfície de 254 m, foram obtidas respostas de margas da parte superior da secção transversal.

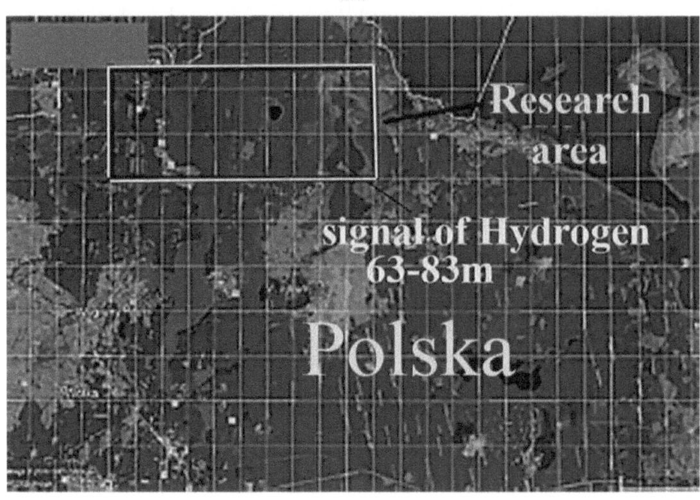

Fig. 4.3. Imagem de satélite do local do estudo na Lituânia (**A**) e na Polónia (**B**) com dados FR [125, 126].

Através da varredura de uma secção transversal desde a superfície até uma profundidade de 254 m, as respostas do hidrogénio foram

142

registadas no intervalo de profundidade de 140-235 m.

4.2.3. Áreas de estudo na Polónia. Durante o processamento FR de um fragmento da imagem da Fig. 4.3, são registados sinais B da superfície de hidrogénio, fósforo (branco), água viva, sal de potássio e magnésio, estishovite, lonsdaleite, rochas sedimentares do 10º grupo (siliciosas) e rochas ígneas do 6º (basaltos) e 7º (ultramáficas) grupos. A raiz do vulcão de rochas siliciosas foi determinada a uma profundidade de 217 km, rochas ultramáficas - 470 km e basaltos - 723 km. O bordo superior dos basaltos foi fixado a uma profundidade de 107 m. Os sinais do hidrogénio e das dolomitas encontravam-se na superfície de 107 m a partir da parte superior da secção transversal. Ao varrer a secção transversal desde a superfície até uma profundidade de 107 m, foram registadas respostas de hidrogénio de dolomites no intervalo de profundidade 63-83 m.

Não foram registadas respostas de hidrogénio e fósforo da parte superior da secção transversal, o que indica a ausência da sua migração para a atmosfera.

4.2.4. Local de turfeiras na Escócia. Foram efectuadas algumas experiências em zonas locais de turfeiras na Escócia.

Fig. 4.4. Fotografia de Doune Hill e Moorland na Escócia [119, 131].

A colina de Doune ergue-se sobre uma turfeira na Escócia (Fig. 4.4). Em resultado do varrimento por FR do seu retângulo 1 (superior), foi estabelecida a presença de um vulcão preenchido com rochas sedimentares do nono grupo (margas). O varrimento da secção transversal permitiu determinar o bordo superior das margas a uma profundidade de 2,25 m. Os sinais de hidrogénio não foram registados.

A presença de um vulcão de basalto foi estabelecida no retângulo inferior (2) da turfeira. Os sinais dos basaltos foram registados a uma profundidade de 4,8 m, e os sinais do hidrogénio dos basaltos começaram a ser registados a uma profundidade de 6 m, e das respostas vivas da água viva - a 7,5 m.

As medições instrumentais estabeleceram também os factos da migração do hidrogénio para a atmosfera e a síntese da água (viva) a uma profundidade de 68 km. Os materiais provenientes desta base indicam a participação do hidrogénio na formação de turfeiras.

4.2.5. Áreas de desgaseificação de hidrogénio no Ártico. No

144

processo de análise das imagens de satélite da maior zona (República de Saha) de desgaseificação de hidrogénio [130] do mundo, foram selecionadas seis grandes áreas para o levantamento FR (Fig. 4.5.) em modo de reconhecimento.

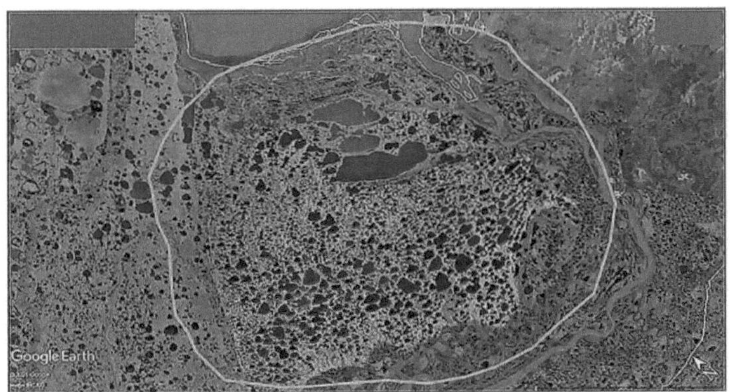

Fig. 4.5. Imagem de satélite da maior zona de desgaseificação de hidrogénio na República de Saha (Yakutia) [130].

Zona 1. Na primeira fase da investigação no Ártico, foi processado um fragmento da imagem (Fig. 4.5), delineado com um contorno oval. Na segunda fase, foi examinado um fragmento desta imagem sem a parte central.

A parte central da zona. Foram obtidos sinais de hidrogénio, fósforo amarelo (baixa intensidade), fósforo vermelho (intenso), rochas sedimentares do 8° grupo (dolomites) e rochas ígneas do 6° grupo (basaltos).

Ao varrer a secção a partir da superfície, o bordo superior dos basaltos foi fixado a uma profundidade de 982 m. Além disso, no intervalo 99-723 km, foram recebidos sinais do 10º grupo de rochas sedimentares (siliciosas). Na superfície de 0 m da parte superior da secção, foram registadas respostas de hidrogénio e fósforo, indicando a sua migração para a atmosfera.

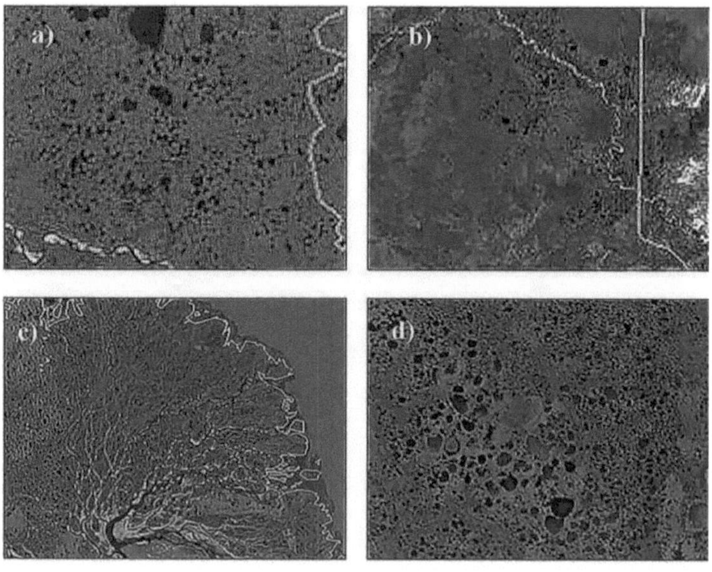

A

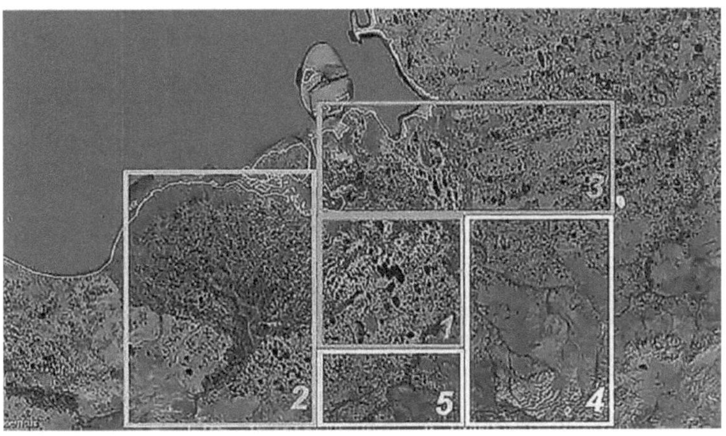

B

Fig. 4.6. Imagem de satélite da maior zona de desgaseificação de hidrogénio (**A**);
B- imagem de satélite das áreas de estudo em torno desta maior zona na
República de Saha (Yakutia).

Ao fazer a varredura da secção a partir de uma profundidade de
982 m, as respostas da água viva dos basaltos começaram a ser
registadas a partir de uma profundidade de 1075 m, e hidrogénio - 1135
m. Após varredura adicional de uma secção, os seguintes valores foram
obtidos: 1) 580-773 m, 2) 820-880 m.

Uma área sem a parte central. Durante o processamento da imagem
sem o vulcão de basalto (na parte central) foram recebidas respostas de
petróleo, condensado, gás, âmbar, dióxido de carbono, bactérias
oxidantes de metano, fósforo (amarelo), xisto betuminoso, hidratos de
gás, antracite, gelo, água morta, 16°, 8° (dolomite) grupos de rochas
sedimentares e 14° grupo de rochas ígneas.

Na superfície de 57 km, não foi recebida nenhuma resposta de petróleo, o que constitui mais uma confirmação da localização da raiz do vulcão do 1° ao 6° grupos de rochas sedimentares fora da zona de sondagem.

Não foram efectuadas mais medições instrumentais nesta área.

Principais resultados. O maior complexo basáltico foi anteriormente estudado nesta área. O diâmetro deste vulcão é superior a 100 km. As medições instrumentais confirmaram o facto da migração do hidrogénio para a atmosfera. As acumulações de hidrogénio podem ser descobertas através de perfurações em dolomites que se sobrepõem aos basaltos. A raiz do vulcão dolomítico está localizada fora da parte central da área da Fig. 4.5. A maior zona de desgaseificação de hidrogénio merece atenção e um estudo mais aprofundado através de métodos geofísicos tradicionais e de prospeção direta, bem como de perfuração.

Área 2. No tratamento por FR de uma imagem da zona (Fig. 4.6, A, a) a partir da superfície, foram registadas as respostas do hidrogénio (intenso), da água viva (intenso), do fósforo (vermelho e amarelo), das rochas sedimentares do 8° grupo (dolomite) e das rochas ígneas do 6° grupo (basalto). O registo das respostas a diferentes profundidades permitiu determinar o limite inferior dos basaltos a 99 km de profundidade.

O bordo superior dos basaltos foi estabelecido a uma profundidade de 518 m. As respostas do hidrogénio das dolomitas foram registadas num intervalo de 400-495 m.

Na superfície de 0 m, foram registadas respostas de hidrogénio na parte superior da secção, o que indica a sua migração para a atmosfera. **Zona 3**. Ao processar uma imagem da área (Fig. 4.6, A, b), foram registadas respostas de hidrogénio, água viva, fósforo (vermelho e amarelo), dolomites e basaltos. O bordo superior dos basaltos foi determinado por varrimento a uma profundidade de 615 m. À superfície de 615 m, foram obtidas respostas de dolomite e hidrogénio (intensidade fraca) na parte superior da secção. Ao fazer a varredura a partir da superfície, as respostas do hidrogénio das dolomitas foram fixadas a partir de dois intervalos: 1) 310-350, e 2) 520-565 m. Os sinais do hidrogénio dos basaltos começaram a partir de uma profundidade de 700 m.

Área 4. Nesta área, (Fig. 4.6, A, c) foram registadas respostas de hidrogénio, água viva, fósforo (vermelho e amarelo), dolomites e basaltos. O bordo inferior dos basaltos foi determinado a uma profundidade de 99 km. O bordo superior dos basaltos foi registado por varrimento a uma profundidade de 770 m. As respostas do hidrogénio das dolomitas foram registadas no intervalo de profundidade de 115-470 m.

Área 5. Foram registadas respostas FR (Fig. 4.6, A, d) de hidrogénio, água viva, fósforo (vermelho e amarelo) e rochas sedimentares do 8° (dolomite), 9° (margas) grupos e basaltos. O limite inferior dos basaltos foi determinado a uma profundidade de 99 km e o limite superior dos basaltos foi registado a uma profundidade de 470 m.

Na superfície de 0 m, as respostas do hidrogénio foram registadas na parte superior da secção, o que indica a sua migração para a atmosfera.

Ao fazer a varredura da secção a partir da superfície, as respostas do hidrogénio começaram a ser registadas a partir da profundidade de 380 m. Ao fazer a varredura a partir de 380 m, as respostas do hidrogénio das dolomitas (margas) foram obtidas nos intervalos: 1) 383- 404 m, 2) 411-430 m. Os sinais do hidrogénio a partir da profundidade de 436 m continuaram a ser registados nos basaltos.

Área 6. Na zona onde se localiza esta área (contorno retangular na Fig. 4.6, B), foi realizado um âmbito alargado de procedimentos de medição. Na área 6, foram registadas as respostas de hidrogénio, água viva, fósforo (vermelho e amarelo) e rochas sedimentares do 8º (dolomite), 9º (margas), 10º (siliciosas) grupos e basaltos (baixa intensidade). O bordo inferior dos basaltos foi determinado a uma profundidade de 99 km.

A borda superior dos basaltos foi registada por varrimento a uma profundidade de 960 m. À superfície de 960 m, foram obtidas respostas de dolomites, margas e rochas siliciosas, bem como de hidrogénio (um sinal fraco) na parte superior da secção. Na superfície de 0 m, não foram obtidas respostas de hidrogénio (não houve migração de hidrogénio para a atmosfera).

Ao fazer a varredura da secção a partir de uma profundidade de 900 m, passo 5 cm, as respostas do hidrogénio começaram a ser registadas a partir de uma profundidade de 956 m e 970 m, e sinais mais profundos de intensidade aumentada foram recebidos.

A ausência de migração de hidrogénio para a atmosfera e as respostas do hidrogénio (um sinal fraco) à superfície a 960 m da parte superior da secção permitiram supor que uma camada (estrato) de rochas siliciosas se encontra acima dos basaltos. Esta hipótese foi confirmada por um rastreio subsequente da secção a partir de 950 m, passo 1 cm - foram registadas respostas de rochas siliciosas a partir de um intervalo de profundidade de 956-960 m.

Um volume adicional de procedimentos de medição na área desta zona tinha como objetivo detetar um vulcão (ou vulcões) próximo preenchido com o 10º grupo de rochas sedimentares (siliciosas).

Para este efeito, foram processadas imagens de satélite dos quarteirões localizados em torno da área 6 (imagens nos contornos rectangulares 2-5 na Fig. 4.6, B). Os resultados do processamento resumido são os seguintes.

Bloco 3. Foram registados sinais (da superfície) de petróleo, condensado, gás, âmbar, dióxido de carbono, bactérias, fósforo (amarelo) e hidratos de gás. Na superfície de síntese de hidrocarbonetos a 57 km, foram registados sinais de petróleo, condensado, gás, âmbar e fósforo (amarelo). As respostas do dióxido de carbono foram obtidas a uma profundidade de 59 km. À superfície de 0 m da parte superior da secção, foram obtidas respostas de gás e fósforo, o que indica a sua migração para a atmosfera.

Bloco 4. Na área, foram registadas respostas do 9º (margas) e 10º (siliciosas) grupos de rochas sedimentares.

Bloco 5. Ao processar uma imagem da zona, foram registadas respostas dos grupos de rochas sedimentares 8 (dolomite), 9 (margas) e 10 (siliciosas). A fixação de rochas siliciosas nos complexos vulcânicos dos blocos 2, 4 e 5, localizados junto à área 6 (retângulo 1 na Fig. 4.6, B), indica adicionalmente a sobreposição de basaltos nesta área com rochas siliciosas do vulcão. Os resultados do processamento por ressonância de frequência de uma imagem de satélite da área 6 também nos permitem tirar conclusões bem fundamentadas de que as rochas siliciosas são um selo bastante eficaz para a acumulação de hidrogénio nas rochas reservatório localizadas por baixo delas.

4.2.6. Zonas de desgaseificação de hidrogénio na Alemanha [125]. A análise de imagens de satélite do território mostrou que existem áreas locais e grandes áreas com caraterísticas de zonas de desgaseificação de hidrogénio.

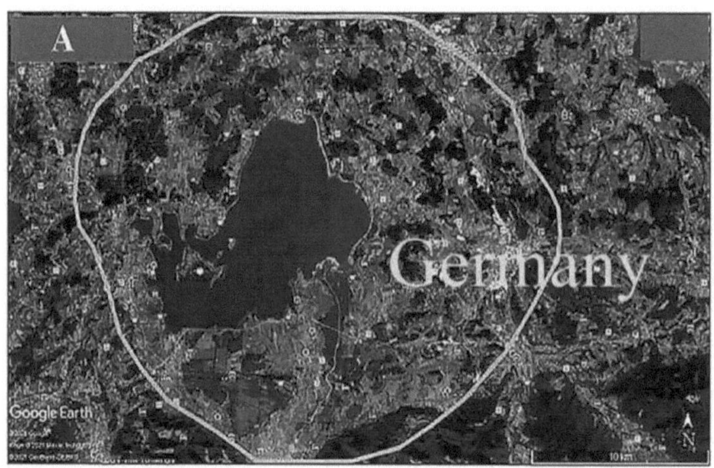

Fig. 4.7. Imagem de satélite de uma grande zona de desgaseificação de hidrogénio na Alemanha (**A**) e local de estudo na área do lago Laudon na Baviera (**B**).

Zona no sudeste da Baviera. Na fase inicial da experiência, o fragmento da imagem, indicado com um contorno oval (Fig. 4.7, **A**), foi processado. Foram registadas respostas de fósforo amarelo (baixa intensidade), hidrogénio (intenso), rochas sedimentares do 8º grupo (dolomites) e rochas ígneas (basaltos). O bordo inferior dos basaltos foi registado a uma profundidade de 99 km, e o bordo superior dos basaltos foi registado a uma profundidade de 450 m.

Foram também registadas respostas de hidrogénio na parte superior da secção à superfície de 0 m, o que indica a sua migração para a atmosfera. Ao analisar a secção a partir de uma profundidade de 450 m, as respostas do hidrogénio dos basaltos começaram a ser registadas a partir de uma profundidade de 540 m.

Ao digitalizar a secção a partir da superfície, foram obtidas respostas de hidrogénio a partir de dolomites nos seguintes intervalos, m: 1) 35-102, 2) 225-266, 3) 390-440m. Ao processar o fragmento de imagem da Fig. 4.8 sem a parte central (oval), são registadas respostas do 7º (calcário) e 8º (dolomite) grupos de rochas sedimentares. Não foram recebidos sinais de basaltos, hidrogénio, gás e bactérias oxidantes de metano. As respostas do hidrogénio também não foram recebidas na superfície de 57 km.

Áreas locais de lagos. Existem dois pequenos lagos (Fig. 4.7, A) na parte norte do bloco estudado. Foram registadas respostas de hidrogénio, dolomitos e basaltos durante o processamento da imagem (Fig. 4.7, B). O limite inferior dos dolomitos é definido no intervalo de 900-1000 m.

O facto de haver migração de hidrogénio para a atmosfera também foi estabelecido. Foram também registadas respostas do hidrogénio durante o processamento da imagem do segundo lago (Fig. 4.7), mas o facto da migração do hidrogénio para a atmosfera não foi confirmado.

Área de estudo no sudoeste da Baviera. Existem caraterísticas de zonas de desgaseificação de hidrogénio (Fig. 4.8).

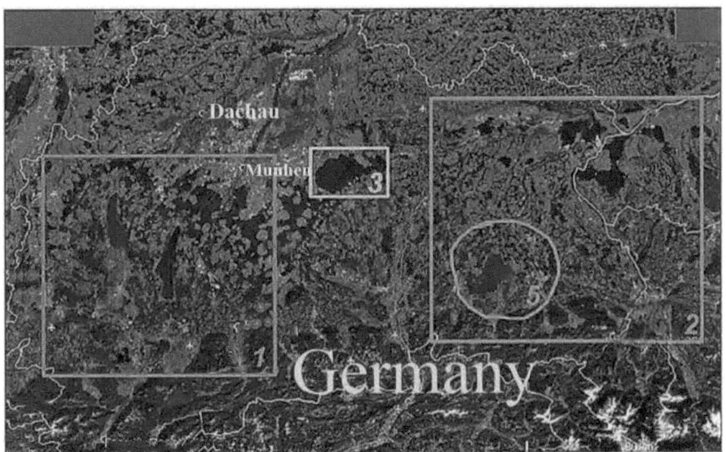
Fig. 4.8. Imagem de satélite do território do inquérito de reconhecimento na Alemanha.

Durante o tratamento por ressonância de frequência deste fragmento (N1, Fig.4.8) da imagem da superfície, foram registadas respostas de fósforo vermelho e amarelo (baixa intensidade), hidrogénio, rochas sedimentares do 8° (dolomites) e 10° (siliciosas) grupos e basaltos. O bordo inferior dos basaltos foi estabelecido a uma profundidade de 99 km. Ao fazer a varredura da secção a partir de uma profundidade de 660 m, as respostas do hidrogénio dos basaltos começaram a ser registadas a partir de 693 m. Ao fazer a varredura da secção a partir da superfície, as respostas do hidrogénio das dolomitas foram registadas no intervalo 370-640 m.

Ao varrer a secção a partir da superfície, num passo de 5 cm, as respostas do petróleo começaram a ser registadas a partir de uma profundidade de 80 m, e o gás - foi registado no intervalo de 3-85 m. À superfície de 0 m, foram recebidos sinais de hidrogénio e fósforo (vermelho), o que indica a sua migração para a atmosfera.

4.2.7. Território de Espanha [121]. Em Espanha (Fig. 4.9), é aconselhável implementar os projectos de prospeção de reconhecimento acima descritos para descobrir os blocos mais promissores para a prospeção detalhada de hidrogénio natural, bem como de petróleo, condensado de gás e gás.

Fig. 4.9. Imagem de satélite de Espanha e Portugal. Os contornos da província de Aragão estão indicados e os blocos de licença de Barbastro e Monzon estão indicados em rectângulos pretos.

Durante a execução destes projectos, podem ser aplicados procedimentos de medição adicionais para registar sinais a frequências de hidrogénio de reservatórios de petróleo e gás promissores.

O território da Andaluzia (Espanha). Durante o tratamento por FR da imagem de satélite da província da Andaluzia (Fig. 4.9) em modo de reconhecimento, foram registados sinais nas frequências do hidrogénio, das bactérias do hidrogénio e do 6º grupo de rochas ígneas (basaltos).

O território do bloco que aparece nesta imagem de satélite é promissor para trabalhos de prospeção detalhada e perfuração de poços de hidrogénio natural.

O território de Aragão (Espanha). As respostas nas frequências do hidrogénio e dos basaltos foram registadas durante o tratamento por FR de uma imagem de satélite da província de Aragão (Fig. 4.9).

Os sinais nas frequências dos basaltos, do hidrogénio e do hélio não foram registados durante o processamento por FR de uma imagem de satélite dos blocos licenciados de Barbastro e Monzon na província de Aragão. Foram registadas respostas nas frequências de 7-10 grupos de rochas ígneas.

Propõe-se que a imagem de satélite da área de licenciamento de Barbastro e Monzon seja processada posteriormente utilizando um conjunto alargado de procedimentos de medição para avaliar as perspectivas de deteção de acumulações de petróleo, condensado e gás dentro dos seus limites em volumes industriais (comerciais). **Área de localização do poço Monzon-1.** Os sinais foram registados a partir da superfície em frequências de 1 -6 grupos de rochas sedimentares no processo de digitalização FR de uma imagem de satélite da área com o poço Monzon-1 na Fig. 4.10. Propõe-se que a imagem de satélite da área de localização do poço Monzon-1 seja processada adicionalmente utilizando um conjunto alargado de procedimentos de medição para avaliar as perspectivas de deteção de acumulações de petróleo, condensado e gás dentro dos seus limites em volumes industriais (comerciais).

Fig. 4.10. Imagens de satélite de áreas com o poço Monzon-1 dentro do bloco de licenças Monzon na Província de Aragão (Espanha).

Para este efeito, é aconselhável utilizar processos de medição para registar as respostas em frequências de hidrocarbonetos (petróleo, condensado, gás), dióxido de carbono, hidrogénio, hidrogénio e bactérias oxidantes de metano, bem como determinar a presença (ausência) de grupos de rochas sedimentares e ígneas, em cuja distribuição são criadas condições para a síntese de hidrocarbonetos.

A raiz do vulcão deste grupo de rochas foi registada a uma profundidade de 99 km. Foram também registadas respostas para petróleo, condensado de gás, gás, âmbar, dióxido de carbono e fósforo amarelo. As medições instrumentais confirmaram a síntese de hidrocarbonetos no limite de 57 km.

4.2.9. Região da Elevação do Rio Grande (Oceano Atlântico). Novos dados [40] sobre os principais elementos e elementos vestigiais em rochas vulcânicas das partes ocidental e oriental da Elevação do Rio

Grande e da cadeia de montes submarinos Jean Charcot adjacente (Fig.
4.11).

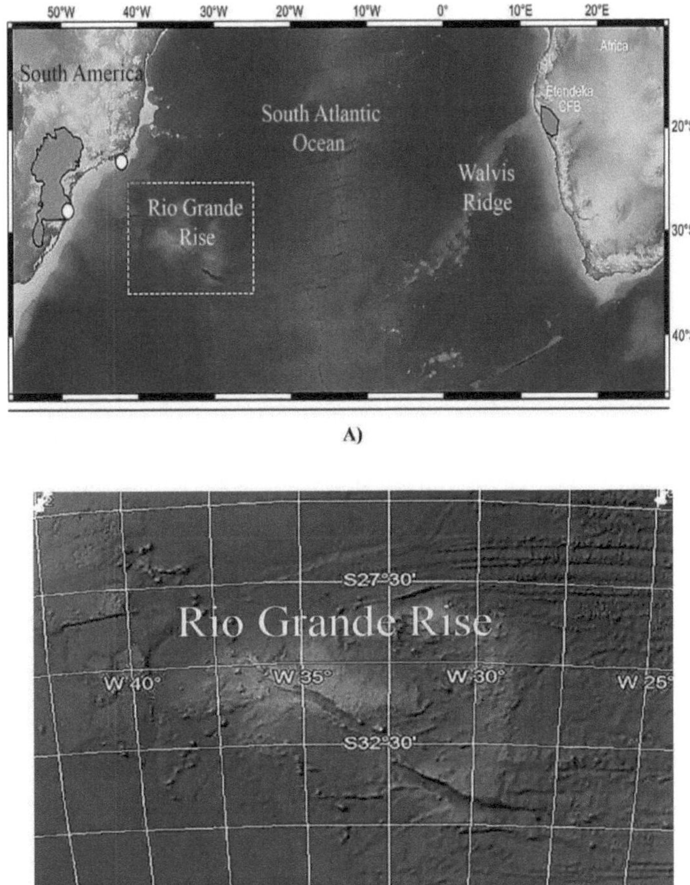

Fig. 4.11. Localização da Elevação do Rio Grande (**A**), e imagem de satélite deste
território (**B**) na parte ocidental do Atlântico Sul

O processamento FR de uma imagem de satélite da zona em modo de reconhecimento foi efectuado para determinar os tipos de estruturas vulcânicas (complexos) nesta região do Oceano Atlântico. Durante o processamento FR da imagem de satélite do bloco de estudo (Fig. 4.11) no modo de reconhecimento, foram registados sinais da superfície nas frequências de óleo, condensado, gás, âmbar, dióxido de carbono, bactérias oxidantes de metano, fósforo, hidratos de gás, hidrogénio, bactérias de hidrogénio e outros. As raízes dos seguintes complexos vulcânicos foram determinadas através da fixação das respostas a diferentes profundidades: 1) sal - 99 km; 2) basaltos - 99 km; 3) 1-6° grupo de rochas sedimentares - 218 km; 4) granitos - 470 km; 5) margas - 723 km; 6) rochas siliciosas - 723 km. No limite da síntese de HC a 57 km, foram registados sinais de HC. Na superfície de 0 m, as respostas indicam a migração de gás na atmosfera. Ao fazer a varredura da secção transversal a partir da superfície, a borda superior dos basaltos foi determinada a uma profundidade de 1060 m. Ao fazer a varredura das secções transversais a partir de 1060 m, passo de 10 cm, as respostas do hidrogénio foram obtidas a partir do intervalo 1117-1435 m (nenhuma varredura mais profunda foi realizada). Ao fazer a varredura da secção transversal a partir de 1060 m, as respostas nas frequências de óleo foram registadas a partir do intervalo 1140-1267 m (não foi realizada uma varredura mais profunda).

4.3. Áreas de vulcões de basalto localizadas nos Cárpatos e noutras regiões [141]. Durante a sondagem FR da secção transversal ao longo dos perfis nos Cárpatos, foram encontrados vulcões de basalto com o bordo superior a uma profundidade pouco profunda em três locais de sondagem.

Zona 1. A imagem de satélite da área de estudo no ponto 2 do perfil 3 é mostrada na Fig. 4.12, a. Ao processar a imagem a partir da superfície, foram obtidas respostas de fósforo e hidrogénio. A raiz do vulcão de basalto encontra-se a uma profundidade de 98 km, as margas a 217 km, as dolomitas a 470 km e as rochas siliciosas a 723 km.

Na superfície (0 m) da parte superior da secção transversal, os sinais do hidrogénio e do fósforo indicam a sua migração para a atmosfera.

Ao varrer a secção transversal a partir da superfície, com um passo de 1 m, os sinais dos basaltos começaram a ser registados a partir de uma profundidade de 175 m, o hidrogénio - a partir de 130 m e a água - a partir de 250 m. Ao varrer a secção transversal a partir da superfície com passos de 10 cm, 1 cm e 5 cm, foram registados sinais de hidrogénio das dolomitas no intervalo 49-139 m.

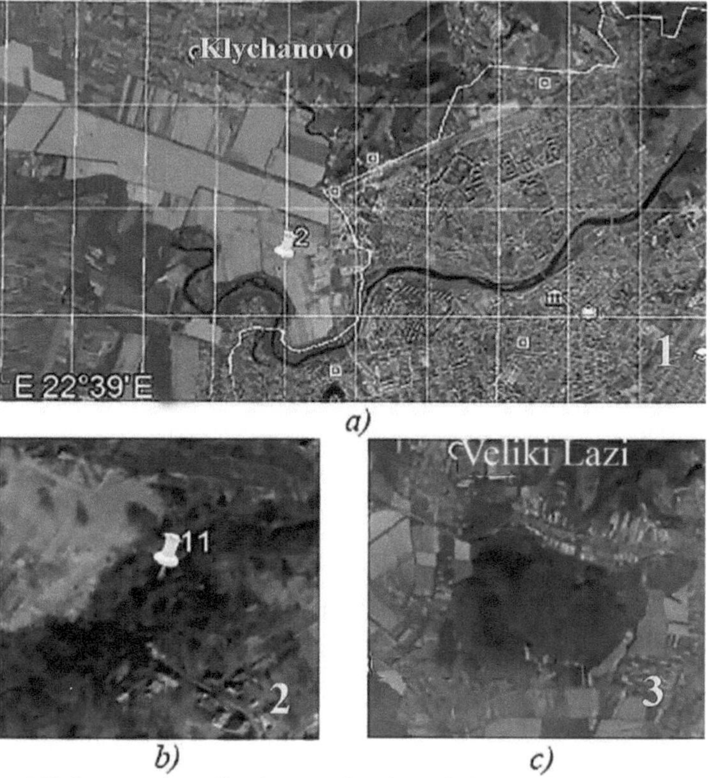

Fig. 4.12. Imagens de satélite de zonas de vulcões de basalto nos Cárpatos: ponto 2, perfil 3 (a); ponto 11, perfil 5 (b); zona a sudeste de Uzhgorod (c).

Área 2. A imagem de satélite da área de estudo no ponto 11 do perfil 5 é apresentada na Fig. 4.12, b

Os sinais do hidrogénio e do 6º grupo de rochas ígneas (basaltos) foram registados à superfície. A raiz do vulcão de basalto foi identificada a uma profundidade de 723 km. Ao varrer a secção transversal com um passo de 10 cm, as respostas dos basaltos começaram a ser registadas a partir de 10 m.

Ao varrer a secção transversal a partir da superfície, com um passo de 1 cm, as respostas do hidrogénio começaram a ser registadas a partir de 50 cm e foram seguidas. Na superfície de 0 m, os sinais de hidrogénio foram recebidos a partir da parte superior da secção transversal, o que indica a sua migração para a atmosfera.

Zona 3. Uma outra zona situa-se na região do ponto 7 do perfil 4. Os sinais de fósforo, hidrogénio e do 6° grupo de rochas ígneas (basalto) foram recebidos da superfície dentro dos seus limites. A raiz do vulcão de basalto encontra-se a uma profundidade de 217 km. No intervalo de 218-723 km, foram obtidas respostas do 7° grupo de rochas ígneas (vulcão). Ao varrer a secção transversal a partir de 200 m, passo 10 cm, foram obtidos sinais de basaltos, hidrogénio e águas profundas a profundidades de 215 m, 215 m e 233 m, respetivamente. Na superfície de 0 m, as respostas do hidrogénio foram obtidas na parte superior da secção transversal, o que indica a sua migração para a atmosfera.

4.3.1. Área na região de Velikiye Lazy Town. Ao processar um fragmento de uma imagem de um local (Fig. 4.12, c), foram registadas respostas de fósforo (branco), hidrogénio e outros a partir da superfície. Foram registadas respostas do 9° grupo de rochas sedimentares (margas) e do 6° grupo de rochas ígneas (basaltos). O bordo inferior dos basaltos situa-se a uma profundidade de 98 km.

Ao varrer a secção transversal a partir da superfície, passo 50 cm, foram registadas respostas de margas no intervalo 220-555 m. Ao varrer a partir de 555 m, passo 5 cm, as respostas de basaltos começaram a ser registadas a partir de 557 m.

Durante a varredura da superfície até uma profundidade de 555 m, passo de 10 cm, foram obtidos sinais de hidrogénio nos intervalos 1) 462-516 m, 2) 528540 m. Na superfície de 0 m, não foram recebidos sinais de hidrogénio e fósforo da parte superior da secção transversal, o que indica **a ausência** da sua migração para a atmosfera.

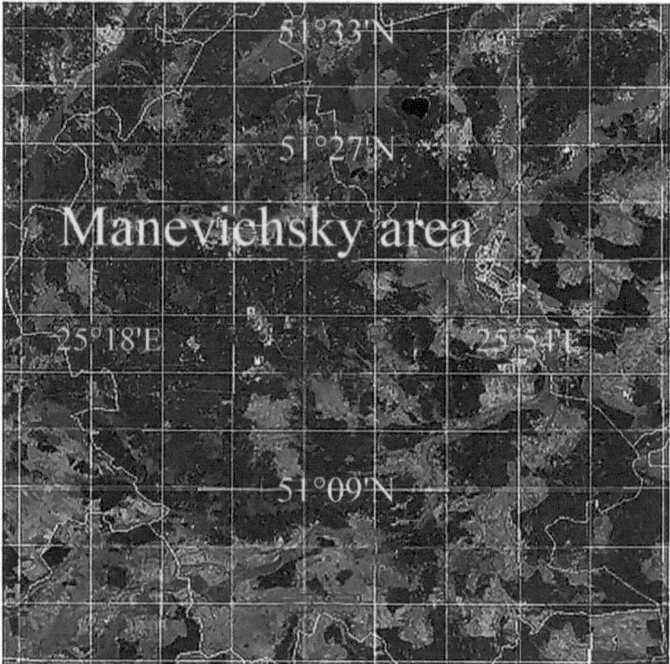

Fig. 4.13. Imagem de satélite da zona de Manevichsky (região de Volyn).

4.3.2. Território da região de Manevichsky (região de Volyn). A imagem de satélite da zona é mostrada na Fig. 4.13.

Durante o processamento FR da imagem da superfície, foram registados os sinais de petróleo, condensado, gás, âmbar, fósforo (branco), brecha de argilito, hidratos de gás, hidrogénio, diamantes, lonsdaleite e sais de potássio e magnésio. Foi determinada a presença e a profundidade das raízes dos seguintes tipos de vulcões 1) basálticos - 98 km; 2) rochas sedimentares de 1-6 grupos - 470 km; 3) margas - 470 km; 4) rochas ultramáficas - 470 km; 5) calcários - 723 km; 6) dolomitas - 723 km; 7) rochas siliciosas - 723 km; 8) kimberlitos - 723 km.

Ao fazer o varrimento da secção transversal a partir da superfície, passo 1 m, foram obtidas respostas de óleo em intervalos de 450-530 m e 810-1015 m (não foi efectuado mais nenhum varrimento).

Na superfície de 1 m da parte superior da secção transversal, as respostas dos gases fósforo e hidrogénio indicam a sua migração para a atmosfera.

Ao fazer o varrimento da secção transversal a partir da superfície, com um passo de 1 m, as respostas dos diamantes começaram a ser registadas a partir de uma profundidade de 1450 m. Os sinais do hidrogénio, do basalto e da água viva foram registados ao fazer o varrimento com um passo de 1 m a partir de profundidades de 160, 320 e 460 m, respetivamente.

A uma profundidade de 57 km, foram obtidas respostas de petróleo dos 2º e 7º grupos de rochas sedimentares, bem como de rochas ultramáficas.

4.3.3. Sítio local na zona da aldeia de Topilno (distrito de Rozhischensky, região de Volyn). A atenção dos autores foi atraída para uma grande curva do rio Styr na área da aldeia de Topilno (Fig. 4.14) no processo de análise da imagem de satélite da região.

Fig. 4.14. Imagem de satélite do sítio local na zona da povoação de Topilno
(distrito de Rozhischensky, região de Volyn).

Neste caso, a hipótese de o leito do rio estar a contornar algum tipo de obstáculo natural surgiu imediatamente. Estas caraterísticas do território tornaram oportuno o tratamento de uma imagem de satélite desta zona.

Durante o processamento FR da imagem da área a partir da superfície, foram registados sinais de fósforo, hidrogénio, águas profundas e basaltos.

Ao varrer a secção transversal a partir da superfície, passo 1 m, foram obtidas respostas de basaltos a partir de 460 m.

Os sinais de hidrogénio da parte superior da secção transversal foram obtidos nas superfícies de 0 m e 1 m, o que indica a sua migração para a atmosfera.

Ao processar um pequeno fragmento da imagem na parte inferior da Fig. 4.14 (uma secção local da curva do rio) foram também

166

registados sinais de hidrogénio, água viva e basaltos com um bordo inferior a uma profundidade de 98 km. A raiz de um vulcão de rochas siliciosas, localizado sob os basaltos, foi registada a uma profundidade de 723 km.

Ao processar o segundo pequeno fragmento da imagem na parte inferior da Fig. 4.14. (contorno retangular N2) a partir da superfície são registadas respostas de óleo, condensado, gás e outros.

Ao fazer a varredura da secção transversal a partir da superfície, passo 1 m, foi estabelecido o primeiro intervalo de respostas do petróleo - 300-1630 m (não foi realizada uma varredura mais profunda).

Apenas foram obtidas respostas de gás na superfície de 0 m da parte superior da secção transversal que confirmaram o facto da sua migração para a atmosfera.

Durante o levantamento no **terceiro** fragmento local (Fig. 4.14), as respostas foram registadas como no anterior. Os sinais foram registados apenas em 1-6 grupos de rochas sedimentares. A raiz do vulcão destas rochas é determinada a uma profundidade de 470 km.

Na superfície de 0 m, os sinais do gás foram recebidos a partir da parte superior da secção transversal - o facto da sua migração para a atmosfera.

Foram efectuadas experiências adicionais, tendo sido obtidas respostas de óleo a partir de 540 m.

4.3.4. Área local perto de v. Gubkiv (região de Rivne). Ao processar a imagem do local (Fig. 4.15), foram registadas à superfície as respostas dos grupos de rochas ígneas 6 (basaltos), 6A (doleritos e andesitos) e 6B (lamproitos).

Foram também registados sinais de basaltos profundos, hidrogénio, água viva e bactérias de hidrogénio.

Por varrimento FR da secção transversal a partir de 0 m, passo 10 cm, o bordo superior dos basaltos foi determinado a uma profundidade de 500 m. À superfície de 500 m, foram obtidas respostas do 7º (calcário), 8º (marga) e 2º (psammites, baixa intensidade) grupos de rochas sedimentares da parte superior da secção transversal.

Fig. 4.15. Imagem de satélite do local do estudo na área da aldeia de Gubkiv (região de Rivne).

Na superfície de 0 m da parte superior da secção transversal, foram registados sinais de fósforo (vermelho) e hidrogénio, o que indica a sua migração para a atmosfera.

Ao fazer a varredura da secção transversal a partir de 500 m, passo 10 cm, os sinais nas frequências de hidrogénio começaram a ser registados a partir de 543 m, e de água viva - a partir de 592 m. Ao fazer a varredura da secção transversal a partir de 450 m, passo 5 cm, os sinais de cobre foram obtidos a partir do intervalo 455-462 m, e de lítio - a partir de 516-590 m (a varredura não foi realizada mais).

4.3.5. Resultados do estudo das depressões locais na bacia do Dnieper-Donetsk. Existem materiais de estudos geológicos e geofísicos na DDB (bacia do Dnieper-Donetsk) para procurar áreas promissoras para a realização de prospeção detalhada e perfuração de poços de hidrogénio natural. Utilizando a tecnologia de ressonância de frequência móvel de imagens de satélite e processamento de fotografias no modo de reconhecimento, foi efectuado um levantamento adicional das áreas de depressões locais. O principal objetivo do trabalho experimental realizado é demonstrar o potencial, bem como a eficácia e a viabilidade da utilização de métodos e tecnologias móveis de prospeção direta na exploração geológica do hidrogénio natural.

4.3.5.1. Local de medição do teor de hidrogénio no solo. A imagem de satélite do local de desgaseificação do hidrogénio e das medições do teor de hidrogénio no solo é apresentada na Fig. 4.16.

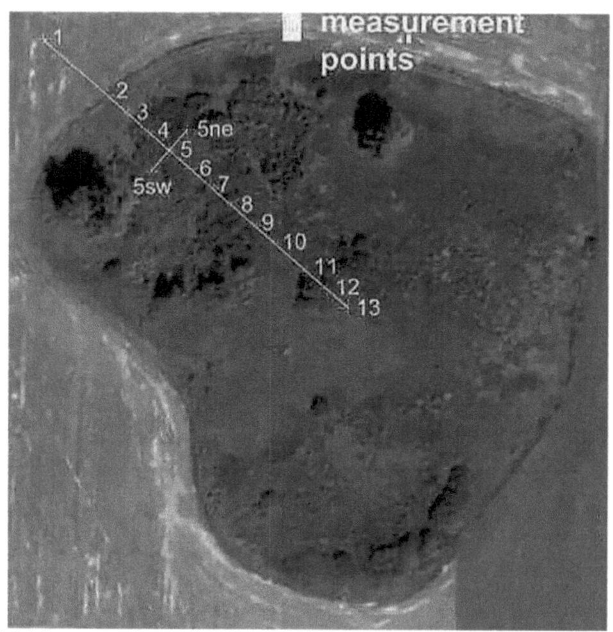

Fig.4.16. Imagem de satélite da zona de medição local da desgaseificação de hidrogénio numa depressão a 30 km a leste de Kiev.

As respostas em frequências de hidrogénio começaram a ser registadas a partir de 18 m, e em águas vivas - a partir de 22 m (quando a varredura da secção transversal de 9,5 m, passo 1 cm). As respostas da água viva foram registadas a uma profundidade de 69

km (limite de síntese), e não foram detectados sinais a uma profundidade de 68 km. Note-se que nos vulcões basálticos com uma raiz a uma profundidade de 723 km, a síntese de água viva ocorre à superfície a 69 km, e com uma raiz a uma profundidade de 470 km, a 68 km. Na superfície de 0 m, foram obtidas respostas de hidrogénio e fósforo (vermelho) na parte superior da secção transversal, indicando a sua migração para a atmosfera.

Ao processar uma imagem de satélite de uma área maior nesta região na Fig. 4.17 com um fragmento cortado na Fig. 4.16 (retângulo na Fig. 4.17), foram registados sinais da superfície nas frequências de fósforo (vermelho), hidrogénio, bactérias de hidrogénio, água viva, basaltos profundos, lonsdaleite e sal de potássio e magnésio. Não foram registadas respostas de petróleo, bactérias oxidantes de metano, água morta e sal de cloreto de sódio.

O bordo superior dos basaltos foi registado a uma profundidade de 9,6 m (quando a varredura da secção transversal foi feita a partir da superfície, com um passo de 1 cm).

Fig. 4.17. Imagem de satélite da zona de desgaseificação do hidrogénio. A área local das medições é indicada por um contorno retangular.

As respostas nas frequências de hidrogénio foram obtidas no intervalo 11- (18-intensa)-20 m. Os sinais foram registados mais tarde, mas não foi efectuada a varredura!

4.3.6. Sítios de depressões locais no DDB. As imagens de satélite de áreas de depressões locais do artigo [30] são apresentadas na Fig. 4.18. A localização das depressões em diferentes regiões do DDB é apresentada em [93]. No modo de reconhecimento, foi efectuado o processamento FR de todas as imagens.

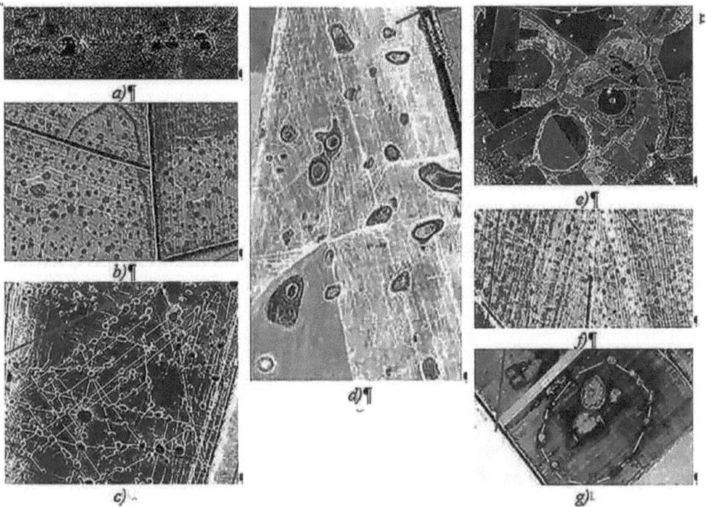

Fig. 4. 18. Variedade de depressões locais no aulacógeno Dnieper-Donets [92, 94]

Zona 1. Durante o tratamento por FR de um fragmento de uma imagem de satélite da Fig. 4.18, a, foram registados sinais provenientes da superfície nas frequências de água viva (com fósforo vermelho), água viva, bactérias de hidrogénio, hidrogénio, fósforo vermelho, rochas sedimentares do $8°$ grupo (dolomites) e rochas ígneas dos $6°$ grupos (basaltos), 6A e 6B.

A raiz do vulcão basáltico foi determinada a uma profundidade de 470 km, e as respostas dos granitos (antigos) foram obtidas no intervalo de 470- 996 km. Através do varrimento da secção transversal a partir da superfície, passo 10 cm, o bordo superior dos basaltos foi fixado a uma profundidade de 69 m.

Através de medições instrumentais, foi estabelecido o facto da migração do hidrogénio e do fósforo vermelho para a atmosfera.

Ao varrer a secção transversal a partir da superfície, passo 10 cm, foram obtidos sinais nas frequências de hidrogénio no intervalo 36-68 m (em dolomites).

As respostas do hidrogénio dos basaltos foram registadas no intervalo 80-(120)-(130-intensa)-(175-muito intensa)-192 m, quando a varredura foi feita a partir de 60 m com um passo de 10 cm. Não foi efectuada uma varredura mais profunda.

Área 2. Ao processar um fragmento da imagem da Fig. 4.18, b, foram registados sinais de fósforo branco e sal da superfície. Não foram recebidas respostas de água viva, bactérias hidrogenotróficas, hidrogénio, hidrocarbonetos, bactérias metano-oxidantes e sal de potássio e magnésio.

Através da varredura da secção transversal a partir da superfície, passo 10 cm, a borda superior do sal foi determinada a uma profundidade de 50 m.

Área 3. Ao processar um fragmento de uma imagem de satélite na Fig. 4.18, c, foram registados sinais da superfície de fósforo branco e de sal (sobrepostos).

Ao varrer a secção transversal a partir da superfície, passo 10 cm, o bordo superior do sal foi fixado a uma profundidade de 132 m.

Área 4. Foram registados sinais da superfície (Fig. 4.18, d) de fósforo branco, sal e rochas sedimentares do 1º, 2º, 3º e 6º grupos. Não foram recebidas respostas de água viva, bactérias de hidrogénio, hidrogénio, gás e condensado.

Ao varrer a secção transversal a partir da superfície, passo 10 cm, o bordo superior do sal foi fixado a uma profundidade de 214 m.

Zona 5. Foram registados sinais à superfície (Fig. 4.18, e) nas frequências de água viva, bactérias hidrogenadas, hidrogénio, fósforo vermelho, basaltos profundos, rochas sedimentares do 8º grupo (dolomites) e rochas ígneas do 6º grupo (basaltos), 6A e 6B. Não foram recebidas respostas de hidrocarbonetos e sal.

A raiz do vulcão basáltico foi determinada a uma profundidade de 723 km, e as respostas dos granitos (antigos) foram obtidas no intervalo de 723-996 km. O bordo superior dos basaltos foi registado por varrimento com um passo de 10 cm a uma profundidade de 144 m.

Os sinais de hidrogénio das dolomitas foram obtidos no intervalo 85- (125-intensa) (140-muito intensa)-144 m.

As respostas de hidrogénio dos basaltos foram obtidas a partir do intervalo 168- (280-muito intenso)-308 m, quando a varredura foi feita a partir de 140 m com um passo de 10 cm (não foi feita uma varredura mais profunda).

Área 6. Ao processar um fragmento de uma imagem de satélite (na Fig. 4.18, f), foram registados sinais da superfície de fósforo branco, sal e rochas sedimentares do 1º, 2º e 3º grupos.

Ao fixar as respostas a diferentes profundidades, a raiz do vulcão de sal foi fixada a uma profundidade de 505,5 km.

Área 7. Durante o processamento FR de um fragmento de imagem de satélite (na Fig. 4.18, g), foram registados sinais da superfície nas frequências de água viva, bactérias de hidrogénio, hidrogénio, fósforo vermelho, rochas sedimentares do 8° grupo (dolomites) e rochas ígneas do 6° grupo (basaltos). A raiz do vulcão basáltico foi identificada a uma profundidade de 470 km. A borda superior dos basaltos foi registada por varrimento com um passo de 10 cm a uma profundidade de 189 m. Na superfície de 189 m, foram recebidos sinais da parte superior da secção transversal de hidrogénio, dolomites e dos 2° e 3° grupos de rochas sedimentares.

Ao fazer a varredura da secção transversal com um passo de 10 cm, foram obtidos sinais de hidrogénio de dolomitas no intervalo 59-(76-intensa) (100-muito intensa)-155 m.

As respostas de hidrogénio dos basaltos foram obtidas a partir do intervalo 201- (216-intensa) (235-muito intensa)-300 m, quando a varredura foi feita a partir de 180 m com um passo de 10 cm (não foi feita uma varredura mais profunda).

4.4. Ilha de Ikaria (Mar Egeu). A ilha de Ikaria é a ilha dos centenários. Estudos anteriores nas regiões onde se situam os locais de longevidade (Ilha de Ikaria, inclusive) [113] mostraram que todos eles se situam acima de vulcões de basalto, nos quais a síntese de água ocorre a uma profundidade de 68 km. Os vulcões de basalto também contêm hidrogénio. A água rica em hidrogénio tem propriedades curativas e promove a longevidade.

Fig. 4.19. Imagem de satélite da ilha de Ikaria (Mar Egeu, Grécia).

Ao processar a imagem de satélite da ilha (Fig. 4.19) a partir da superfície, foram registadas respostas (sinais) apenas do hidrogénio, da água, do 8º grupo de rochas sedimentares (margas) e do 6º grupo de rochas ígneas (basaltos).

A raiz do vulcão basáltico foi determinada a uma profundidade de 723 km, e a borda superior dos basaltos - no intervalo de profundidade de 3-4 km.

Ao varrer a secção transversal a partir da superfície, passo 10 cm, foram obtidas respostas em frequências de hidrogénio nos intervalos: 1) 89-880 m; 2) 2812-3182 m; 3) 3507- (respostas rastreadas até 15 km).

Através da varredura da secção transversal a partir da superfície, passo de 10 cm, as respostas da água foram registadas nos intervalos: 1) 40-93 m; 2) 110-400 m (traçado apenas até 400 m).

O passo de varrimento de 50 cm é bastante grande. Ao efetuar o rastreio com este passo, apenas são determinados os intervalos de pesquisa, não as camadas individuais. A este respeito, no intervalo de fixação das respostas nas frequências de hidrogénio de 89880 m, o rastreio foi adicionalmente efectuado com um passo mais pequeno.

Através da varredura da secção transversal a partir da superfície, passo de 10 cm, as respostas da água foram registadas nos intervalos: 1) 40-93 m; 2) 110-400 m (traçado apenas até 400 m).

As respostas em frequências de hidrogénio do 8º grupo de rochas sedimentares (dolomites) foram registadas nos seguintes intervalos: 1) 89-218 m; 2) 244356 m; 3) 418-580 m; 4) 650-664 m; 5) 765-812 m; 6) 836-848 m; 7) 871880 m; 8) 887-893 m, quando se faz a varredura da secção a partir de 70 m (passo de 10 cm).

As respostas do intervalo 89-893 m foram obtidas de apenas uma amostra do 8º grupo de rochas sedimentares - dolomite oncolítica. Também foram registados sinais de sal e rochas sedimentares dos grupos 1-3 neste intervalo.

4.5. Áreas de desgaseificação de hidrogénio em Itália. Em Itália, foi efectuado um número limitado de medições instrumentais em três áreas locais (Fig. 4.20, contornos rectangulares) [112].

Os sinais do basalto, do hidrogénio e da água viva foram registados na **área 1** (Fig. 4.20, retângulo 1). O limite inferior dos basaltos é determinado a uma profundidade de 99 km.

Fig. 4.20. Imagens de satélite de zonas locais de desgaseificação de hidrogénio em Itália.

Na **área 2** (Fig. 4.20, retângulo 2) foram também registados sinais de basaltos, hidrogénio e água viva.

O limite inferior dos basaltos é determinado a uma profundidade de 99 km. No intervalo 99-218 km, foram obtidas respostas do 8º grupo de rochas sedimentares (dolomites), e no intervalo 218-723 km - do 10º grupo de rochas sedimentares (rochas siliciosas).

Os sinais dos basaltos, do hidrogénio e da água viva foram registados nos contornos da **área 3** (Fig. 4.20, retângulo 3). O limite inferior dos basaltos é determinado a uma profundidade de 99 km.

Durante o processamento FR de toda a imagem (Fig.4.20), foram também registados os sinais dos basaltos, do hidrogénio e da água viva (de cura)

4.6. Investigação de reconhecimento no Japão [115, 116]. Foi efectuado um levantamento de três partes do território do Japão (indicadas por contornos rectangulares), significativamente diferentes em termos de área (Fig. 4.21).

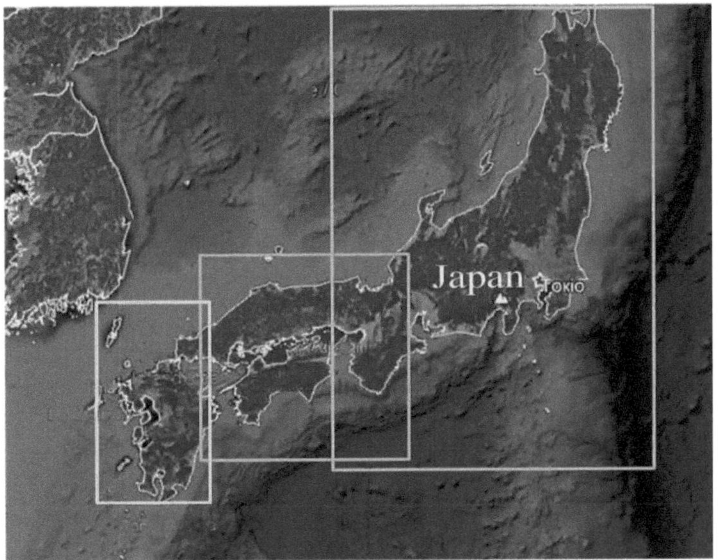

Fig. 4.21. Imagens de satélite das áreas estudadas no Japão.

Durante o processamento de FR de uma imagem de satélite (Fig. 4.21, contorno retangular no centro), foram registadas respostas de hidrogénio, fósforo (branco), água viva, diamantes, grafite, ouro, coesite, estishovite, lonsdaleite e sais de potássio e magnésio a partir da superfície.

Foram registadas respostas dos grupos 8 (dolomitos), 9 (margas) e 10 (siliciosos) de rochas sedimentares, bem como dos grupos 1 (granitos), 2, 3, 4, 5, 6 (basaltos), 7 (ultramáficos), 8, 9, 10, 11 (kimberlitos), 12, 13, 14, 15, 16, 17, 18 de rochas ígneas.

As bordas inferiores de margas, rochas ultramáficas e kimberlitos estão localizadas a uma profundidade de 98 km, e as raízes dos vulcões cheios de dolomitas, rochas siliciosas e basaltos estão estabelecidas a uma profundidade de 723 km.

Na superfície de 0 m, as respostas do hidrogénio e do fósforo (branco) indicam a sua migração para a atmosfera.

Os sinais de hidrogénio, dolomites, granitos e hidrogénio de dolomites foram registados à superfície a 300 m da parte superior da secção transversal; não foram recebidos sinais dos basaltos. Isto indica a possibilidade de detetar o hidrogénio nas dolomitas.

Foram registados sinais de hidrogénio a partir de dolomites no intervalo 228-290 m.

Ao processar uma imagem de satélite de um fragmento do território do norte do Japão (num contorno retangular à direita), foram registadas respostas da superfície apenas dos grupos 8 (dolomitos), 9 (margas) e 10 (siliciosos) de rochas sedimentares, bem como do grupo 14 de rochas ígneas.

As raízes dos vulcões cheios de dolomites, margas e rochas siliciosas foram determinadas a uma profundidade de 723 km.

Durante o processamento por FR de uma imagem de satélite de um fragmento do território meridional do Japão (num contorno retangular à esquerda), foram registados sinais de ouro, coesite, estishovite, lonsdaleite e sal de potássio e magnésio a partir da superfície. As raízes dos complexos vulcânicos preenchidos com as seguintes rochas foram determinadas: 1) margas - 470 km; 2) dolomites - 723 km; 3) rochas siliciosas - 723 km; 4) rochas ultramáficas - 723 km; 5) granitos - 996 km.

Sabe-se que não existem grandes jazidas de petróleo e gás no Japão. Durante uma pesquisa de reconhecimento acelerado de três grandes fragmentos do território do Japão, não foram encontrados vulcões nos quais se sintetizam petróleo, condensado e gás a uma profundidade de 57 km.

Foram registados sinais de basaltos, hidrogénio e água viva na parte central do Japão. Na mesma região, foram recebidas respostas de granitos e ouro. No entanto, a raiz de um vulcão de granito não foi encontrada aqui - a presença de um "velho" vulcão de granito com uma raiz a uma profundidade de 996 km foi estabelecida por medições dentro da área sul pesquisada.

As respostas do ouro também indicam a presença de um vulcão de granito "jovem" com uma raiz a uma profundidade de 470 km. Durante a atividade vulcânica, uma parte do território da região central do estudo foi coberta por granitos do vulcão "jovem".

"Por conseguinte, antes de fazer previsões impressionantes de longo alcance sobre a utilização do hidrogénio geológico como fonte de energia na indústria, é necessário, pelo menos, realizar um inventário da determinação das concentrações de hidrogénio molecular livre e dissolvido na crosta terrestre à escala planetária, em cada caso considerar o mecanismo aceite de formação do hidrogénio e identificar o mais popular. A escolha dos transportadores de hidrogénio é ditada pelo facto de ser pouco provável que a extração de hidrogénio das rochas e das profundezas do oceano seja rentável, mesmo num futuro distante" [84].

O autor apresenta "um inventário global das medições de

concentração de hidrogénio molecular livre e dissolvido nas águas subterrâneas em áreas de amostragem na crosta terrestre. O quadro do inventário indica a sua pertença regional, a concentração média de hidrogénio e o desvio padrão em cada ponto, se a concentração exceder 0,01%. A água atual desempenha um papel fundamental na formação do hidrogénio. A sua geração ocorre exclusivamente na crosta terrestre devido à oxidação do ferro ferroso pela água alcalina em rochas básicas e ultrabásicas resultantes de vários esquemas de reacções químicas e pelo vapor de água sempre presente nos gases magmáticos onde o hidrogénio se encontra registado" [84].

Os estudos de FR realizados em locais de desgaseificação de hidrogénio em várias regiões da Terra permitem completar significativamente os mapas de locais de desgaseificação de hidrogénio (Fig. 4.22), mas também avaliar de forma mais realista a escala deste processo, as perspectivas de encontrar grandes acumulações de "hidrogénio geológico natural" e a sua utilização generalizada.

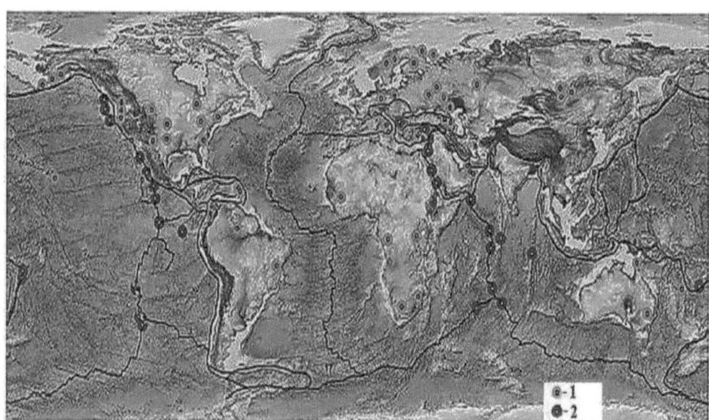

Fig. 4.22. Mapa esquemático dos pontos de afluxo de hidrogénio conhecidos

(2019) [55]. 1- Hidrogénio, ligado ao metano; 2- Hidrogénio abiótico.

Os resultados do trabalho experimental indicam a conveniência da utilização de métodos de prospeção direta de imagens de satélite e de processamento e descodificação de ressonância de FR para detetar e localizar zonas de acumulação de hidrogénio em áreas de localização de vulcões de basalto, bem como em locais de desgaseificação de hidrogénio. A utilização de uma tecnologia de prospeção direta super-operacional e de baixo custo acelerará significativamente o processo de exploração do hidrogénio.

CONCLUSÕES.

Os estudos realizados em diferentes regiões e sobre diferentes objectos de estudo são, em princípio, uma continuação de trabalhos anteriormente realizados, cujos resultados são apresentados em materiais publicados. As conclusões formuladas nestas publicações são verdadeiras em geral e sobre os materiais apresentados acima.

Também notamos que os resultados de numerosos trabalhos experimentais realizados com o equipamento de medição desenvolvido são argumentos importantes a favor do modelo "vulcânico" da formação de muitos elementos estruturais da Terra e dos depósitos.

Note-se que o processamento FR de fotografias e imagens de satélite de todas as áreas e do local de pesquisa foi realizado em modo de reconhecimento - foi realizada uma avaliação integral dos valores dos parâmetros estruturais da secção transversal, bem como das perspectivas de deteção de acumulações de hidrogénio e hidrocarbonetos. No decurso das experiências, o conjunto completo de procedimentos de medição não foi totalmente implementado.

No entanto, os materiais de medições instrumentais apresentados acima permitem-nos concluir a seguinte natureza.

1. Nas zonas e regiões da localização dos vulcões de basalto com raízes a diferentes profundidades, são quase sempre registados sinais a frequências de hidrogénio da superfície.

2. As respostas do hidrogénio são registadas quando se fazem varrimentos transversais praticamente desde os bordos superiores dos vulcões basálticos até às suas raízes. Esta caraterística permite sugerir que os vulcões basálticos são uma espécie de canal através do qual

ocorre a migração ativa de hidrogénio para os horizontes superiores da secção transversal e para a atmosfera.

3. Os depósitos de hidrogénio podem ser formados por vulcões basálticos em reservatórios selados adjacentes a basaltos.

4. Os depósitos de hidrogénio formados perto de vulcões de basalto em diferentes tipos de reservatórios podem ser descobertos e localizados de forma operacional durante a exploração da área utilizando métodos de prospeção direta (tecnologia de processamento FR de imagens de satélite e fotografias).

5. Os estudos experimentais de numerosas áreas mostraram a possibilidade (e a conveniência) de utilizar métodos de FR de prospeção direta de imagens de satélite e de processamento e interpretação de fotografias para detetar e localizar áreas de acumulação de hidrogénio, bem como para determinar as profundidades de ocorrência prevista dos seus depósitos. Em estudos futuros nesta direção, é aconselhável prestar atenção aos tipos de reservatórios em que o hidrogénio se pode acumular, bem como às rochas de cobertura que contribuirão para a preservação dos depósitos.

6. Em geral, os resultados da investigação confirmam as conclusões dos investigadores sobre a migração em grande escala de gás e hidrogénio profundos (abiogénicos) para a atmosfera do planeta Terra.

7 Foi determinada a natureza profunda e a possível profundidade da formação de montes geradores de metano, foram identificadas áreas de migração de metano para a atmosfera e foi também realçada a ligação das áreas de montes com possíveis depósitos de hidrocarbonetos. A concentração conhecida de petróleo e metano em

algumas áreas do mundo pode ser sustentada por uma forte desgaseificação do interior da Terra e não apenas pela atividade bacteriana do metano. 8. As investigações permitiram avaliar quantitativamente a posição das fontes de desgaseificação e confirmar a hipótese de que "o principal fator na formação de campos de petróleo e gás é a desgaseificação profunda da Terra" [46].

LITERATURA

1. Arnemann M., Abreu V., Rostirolla S., Barboza E. Mudanças laterais da extensão crustal e do tipo de margem passiva ao longo da margem sudeste brasileira //Journal of Sea Research 196 (2023) 102459. P. 1-24.

2. Artemov Y. G. Distribuição e fluxos de gases de jato de metano no Mar Negro. Dissert. 2014.

3. Artemov Yu. G., Egorov V. N., Polikarpov G. G., Gulin S. B. Emissão de metano para a água e para a atmosfera por correntes de bolhas de gás no paleo-delta do Dnieper, no Mar Negro // Mar. Ecol. J. 2007. V. 6. № 3. P. 5-26.

4. Bagdasarova M.V. (2014). A desgaseificação da Terra é um processo global que forma minerais fluidogénicos (incluindo depósitos de petróleo e gás). Revista eletrónica "Deep Oil". No. 10. pp.1621-1644. (em russo)

5. Bellwald, B., Planke, S., Becker, L.W., Myklebust, R., 2020. Transporte de sedimentos de água de degelo como o processo dominante na formação de leques de boca de calha de latitude média. Nat. Commun. 11 (1), 1-10.

6. Beltrão R. L. C., Sombra C. L. A., Lage C. V. M. et al. Desafios e Novas Tecnologias para o Desenvolvimento do Cluster do Pré-Sal, Bacia de Santos, Brasil. Conferência de Tecnologia Offshore realizada em Houston, Texas, EUA, de 4 a 7 de maio de 2009.

7. Betlem, P., Roy, S., Birchall, T., et al., 2021. Modelagem do potencial de hidrato de gás nos fiordes de Svalbard. Journal of Natural Gas Science and Engineering. 94, 104127. [29]

8. Bouriak S., Vanneste M. e Saoutkine A. 2000. Inferred gas hydrates and clay diapirs near the Storegga Slide on the southern edge of the Voring Plateau, offshore Norway. Marine Geology 163(1-4), 125-148

9. Briere, D. & Jerzykiewicz, T. On generating a geological model for hydrogen gas in the southern Taoudeni Megabasin (Bourakebougou area, Mali). Apresentado na Conferência e Exposição Internacional, Barcelona, Espanha, 3 a 6 de abril de 2016, Sociedade de Geofísicos de Exploração e Associação Americana de Geólogos de Petróleo, Barcelona, Espanha, pp. 342-342. Artigo de Pesquisa e Descoberta #42041. https:// doi. org/ 10. 1190/ ice20 16- 63128

10. C.H. Ward (ed.), Habitats and Biota of the Gulf of Mexico: Before the Deepwater Horizon Oil Spill, DOI 10.1007/978-1-4939-3447-8_4217

11. Callow B., Bull J. M., Provenzano G., et al. Seismic chimney characterization in the North Sea - Implications for pockmark formation and shallow gas migration. // Marine and Petroleum Geology, 133, 2021, 105301

12. Christiansen, F.G., Bojesen-Koefoed, J.A., Dam, G., et al., 2020. Uma revisão de

infiltração de petróleo e gás na Bacia de Nuussuaq, na Gronelândia Ocidental - implicações para a exploração petrolífera. Boletim GEUS. 44, 4567. DOI: https://doi.org/10.34194/geusb.v44.4567 [12]

13. Delek and Partners Achieve First Gas Offshore Israel. https://www.rigzone. com/news/delek_and_partners_achieve_first_gas_offshor   e_israel-31-dec-2019-160693-

article/?utm_campaign=DAILY_2020_01_01&utm_source=GLOBAL_ENG &utm_medium=EM_NW_F4

14. Dimitrov, L.I., 2002. Mud volcanoes - the most important pathway for degassing deeply buried sediments. Earth-Science Reviews, 59: 49-76.

15. Dupré S., Woodside J., Klaucke I., Mascle J., Foucher J-P., 2010. A atividade de infiltração ativa generalizada no leque do mar profundo do Nilo (ao largo do Egito) foi revelada por imagens geofísicas de alta definição. Mar Geol 275(1-4), P. 1-19. doi: 10.1016/j.margeo.2010.04.003

16. Electronic petrographic reference book-identifier of magmatic, metamorphic and sedimentary rocks" para uso operacional na criação de Gosgeolkart1000/3 e 200/2 para o território da Federação Russa. São Petersburgo, 2015. http://rockref.vsegei.ru/petro/ (em russo).

17. Elias A. R. Estimating the Size of the Levantine East Mediterranean Hydrocarbon Basin (Estimativa da dimensão da bacia de hidrocarbonetos do Levante e do Mediterrâneo Oriental). Documento de política do LCPS. 2014. P.1-25.

18. Parceria entre a Eni e a Enel para o hidrogénio verde. https://www.rigzone.com/news/eni_and_enel_partner_on_green_hydrogen-3- dec-

2020-164012-

article/?utm_campaign=DAILY_2020_12_04&utm_source=GLOBAL_ENG

&utm_medium=EM_NW_F6

19. A Eni descobre um campo de gás supergigante no offshore egípcio, o maior de

sempre

encontradas no Mar Mediterrâneo. http://www.eni.com/en_IT/attachments/media/press-

release/2015/08/PR_EniEgypt_eng. pdf

20. Eppelbaum L., Katz Y. 2011. Mapeamento Tectónico-Geofísico de Israel e do Mediterrâneo Oriental: Implicações para a Prospeção de Hidrocarbonetos. Positioning, 2, P.36-54.

21. Esestime P., Hewitt A. and Hodgson N. [2016] Zohr - A newborn carbonate play in the Levantine Basin, East-Mediterranean. First break, 34, 2, p. 87-93.

22. Forwick, M., Baeten, N.J., Vorren, T.O., 2009. Pockmarks nos fiordes de Spitsbergen. Jornal Norueguês de Geologia. 89, 65-77. [30]

23. Fyk M. I., Fyk I. M. Campo de condensados de gás de Shebelinsky. Recuperação de reservas de gás ou inundação? // SPE Journ, 2018, N6. P. 3-9.

24. Gonchar A.I., Pisanko I.N., Sobisevich L.E. et al. Vulcanismo de lama subaquático na bacia do Mar Negro de Azov // Revista hidroacústica (Problemas, métodos e meios de investigação do Oceano Mundial), 2004 (№1).

25. Gordienko V. V, On the circulation of hydrogen in the atmosphere and the Earth's crust // Geophysical journal 2021, V.43, N5, P.35-59.

26. Gozyk P.F., Baghri I.D., Voytsytskyi Z.Ya. et al. Justificação geológico-estrutural-termoquímica da capacidade de petróleo e gás da zona aquática de Azov - Mar Negro: K.: Logos, 2010. 419p.

27. Greinert, J., D. F. McGinnis, L. Naudts et al. Atmospheric methane flux from bubbling seeps: Spatially extrapolated quantification from a Black Sea shelf area, J. Geophys. Res., 2010. 115, C01002, doi:10.1029/2009JC005381.

28. Hawie N. Arquitetura, evolução geodinâmica e perfuração sedimentar da bacia do Levante: uma abordagem quantitativa 3D baseada em dados sísmicos. Ciências da Terra. Universit_e Pierre et Marie Curie - Paris VI, 2014

29. Hazou E. O gigante da energia ENI acredita que poderá haver outro campo de Zohr na região, 14 de março de 2017 http://cyprus-mail.com/2017/03/14/energy-giant- eni-believes-another-zohr-field-region/

30. Heggland R. Gas seepage as an indicator of deeper prospective reservoirs. Um estudo baseado em dados sísmicos 3D de exploração. Marine and Petroleum Geology, 1998, V. 15, 1, P. 1-9.

31. Holz M., Vilas-Boas D. B., Troccoli E. B, et al. Modelos conceptuais para a estratigrafia de sequências de sucessões de fendas continentais. Em Stratigraphy & Timescales, Volume 2, 2017 Elsevier Inc. ISSN 2468-5178 http://dx.doi.org/10.1016/bs.sats.2017.07.002

32. Hsu Chieh-Wei. Infiltração de hidrocarbonetos na Província Salina de Campeche-Sigsbee, Sul do Golfo do México. Deteção, mapeamento e manifestação no fundo do mar. Dissertação, Bremen, 2019.

33. http://www.eni.com/en_IT/attachments/investor-relations/presentation/2015/goliat-field-trip/Goliat_FINAL_Website.pdf.

34. https://www.researchgate.net/publication/349395019

35. IHS Markit: O bloco 11 da Total no offshore de Chipre pode rivalizar com a descoberta de gás natural de Zohr no Egito. Energy Egypt, 12 de janeiro de 2017

36. Ivanov, M.K., Konyukhov, A.U., Kulnitskii, L.M., e Musatov, A.A., 1989. Mud volcanoes in the deep part of the Black Sea. Vestnik MGU Serie de Geologia, 3: 21-31 (em russo).

37. Judd A., Hovland M. Seabed Fluid Flow. The Impact on Geology, Biology, and the Marine Environment. - Cambridge, 2007. - 475

38. Judd, A., Long, D., Sankey, M., 1994. Pockmark formation and activity, UK block 15/25, North Sea. Bull. Geol. Soc. Den. 41, 34-49.

39. Ker, S., Thomas, Y., Riboulot, V. et al. BSR anormalmente profundo relacionado com uma

estado transitório do sistema de hidratos de gás no Mar Negro ocidental. Geoquímica, Geofísica, Geossistemas. 2019. 20, 442-459. https://doi.org/10.1029/2018GC007861

40. Ketzer M., Praeg D., Pivel M. A.G. et al. Gás infiltra-se na borda da zona de

estabilidade de hidratos de gás na margem continental do Brasil /. Geociências 2019, 9, 193. doi:10.3390/geociências9050193

41. Kleber G. E., Hodson A. J, Mager L. et al. As nascentes de água subterrânea formadas durante o recuo glaciar são uma grande fonte de metano no alto Ártico. //Nature Geoscience, 2023. https://doi.org/10.1038/s41561-023-01210-6. 15 P.75

42. Kobolev V.P. Verpakhovska O.O. Accumulation of gas hydrates in the Dnipro paleodelta as an object of seismic research. Geol. e recursos minerais fósseis do Oceano Mundial. 2014. No. 1. P. 81-93.

43. Korber J.-H., Sahling H., Pape T. Infiltração natural de petróleo em Kobuleti Ridge, no leste do Mar Negro. *Marine and Petroleum Geology,* 2014. 50, P. 68-82

44. Korchin V.A. Anomalias de Baixa Densidade na Crosta Cristalina de Origem Termobárica: Uma nova visão sobre a migração e localização de hidrocarbonetos. Em monografia: Exploração de Petróleo e Gás: Métodos e Aplicações. Editado por Said Gaci e Olga Hachay/União Geofísica Americana, publicado em 2017 por John Wiley & Sons, Inc./ P. 237- 258. (287 p.). ISBN: 978- 1-119-22742-7.

45. Korchyn V. A., Rusakov O. M. Zona de densificação do tipo termobárico na crosta cristalina da plataforma noroeste do Mar Negro - um potencial coletor regional de metano abiogênico // Geophysical Journal No. 2, Vol. 41, 2019 P.99-111. DOI: 10.24028/gzh.0203-3100.v41i2.2019.164456.

46. Kutas R.I. Geotectonic and geothermal conditions of fluid and gas discharge zones in the Black Sea. Geof. Journal 2020. No. 5. T.42. P. 16-52.

47. Kutas, R.I., Paliy, S.I., & Rusakov, O.M. Deep faults, heat flow and gas leakage in the northern Black Sea. Geo - Marine Letters. 2004. 24, 163-168. doi:10.1007/s00367-004-0172-3.

48. Larin N.V., Zgonnik V., Rodina S., Deville E., Prinzhofer A., Larin V.N. Natural molecular hydrogen seepage associated with surficial, rounded depressions on the European craton in Russia. Pesquisa de Recursos Naturais. 2014, No. 24(3). P. 369-383. doi:10.1007/s11053-014-9257-5

49. Perfuração offshore no Líbano não encontra gás comercialmente viável: Ministro. https://www.urdupoint.com/en/miscellaneous/lebanon-offshore-drilling-finds- no-commercial-905509.html

50. Leshchukh R., Polukhtovich B. Sobre o desenvolvimento de depósitos de nafta-gás do Jurássico Superior na zona subsuperficial da plataforma de saída da subsuperfície do Mar Negro. Boletim da Universidade de Lviv. A série é geológica. 2015. VIP. 29. pp. 124-132.

51. Ludmann T., Wong H.K., Konerding P., et al. Fluxo de calor e quantidade de metano deduzidos de um campo de hidratos de gás na vizinhança do Dnieper Canyon, noroeste do Mar Negro. // Geo - Mar. Lett. 2004. - 24 - P. 182- 193.

52. Lukin A.E. Sistema Superplume - segmentos profundos de bacias de petróleo e gás" - uma fonte inesgotável de hidrocarbonetos // Revista Geol. 2015. No. 2 (351). pp. 7-20. (em russo).

53. Lukin O.E., Gafish L.P., Goncharov G.G. et al. Potencial de hidrocarbonetos em

entranhas da terra da Ucrânia e principal tendência do seu desenvolvimento // Mineral resources of Ukraine, 2020, P.28-38 (em russo).

DOI: 10.31996/mru.2020.4.28-38

54. Maiga O., Deville E., Laval J. et al. Caracterização dos reservatórios de hidrogénio natural de recarga espontânea de Bourakebougou no Mali //Scientific Reports | (2023) 13:11876 | https://doi.org/10.1038/s41598-023-38977-y

55. Martinez I., Moretti I. et Deville E. ANCRE-2019 H2 Naturel GP2 de l'Ancre.

56. Mikalsen H. Estrutura do reservatório e contexto geológico do reservatório de gás raso PEON. Tese de Mestrado. Oslo, 2014. P.91.

57. Mityagina M., Lavrova O. Satellite Survey of Inner Seas: Oil Pollution in the Black and Caspian Seas. *Remote Sens.2016.* 8, 875. 24 p.; doi:10.3390/rs8100875 www.mdpi.com/journal/remotesensing

58. Vulcões de lama do Mar Negro (cat.). E. F. Shnyukov et al. K. 2015. - 259 p. (em russo).

59. Müller S M. O Graben Central Alemão (Mar do Norte): Evolução tectono-estratigráfica e sistemas de hidrocarbonetos. Hannover : Gottfried Wilhelm Leibniz Universitat, Diss., 2023, IX, 206 S., DOI: https://doi.org/10.15488/13228

60. Murillo, W.A., Vieth-Hillebrand, A., Horsfield, B., Wilkes, H., 2016. Fonte de petróleo, maturidade, alteração e mistura no sudoeste do Mar de Barents: New

insights from geochemical and isotope data. Marine and Petroleum Geology, 70, 119-143, https://doi.org/10.1016/j.marpetgeo.2015.11.009.

61. Muslimov R.Kh., Trofimov V.A., Plotnikova I.N., Ibatullin R.R., Goryunov E.Yu. O papel da desgaseificação profunda da Terra e do subsolo cristalino na formação e reabastecimento natural de petróleo e gás

62. Mykola Yakymchuk, Ignat Korchagin, Sergiy Levashov, Valery Solovyov. Volcanism and degassing processes in the structures of the Earth's polar regions (review based on the results of frequency-resonance studies). Dodo Books Indian Ocean Ltd. E OmniScriptum S.R.L Publishing group. 2022. 276 p. (em ucraniano). ISBN: 978-620-0-63606-5 https://morebooks.de/shop- ui/shop/search?q=978-620-0-63606-5&page=1

63. Mykola Yakymchuk, Ignat Korchagin. Aplicação da frequência de ressonância tecnologia de tratamento de imagens de satélites e fotografias dos planetas e satélites do sistema solar. Editora.agência: Actas da 2ª Conferência Científica Internacional "Investigação Científica e Desenvolvimento Experimental" (2-3 de março de 2023). Londres, Inglaterra, 2023. P. 311-328. ISBN 978-0-27585504-8. DOI 10.5281/zenodo.7700165 https://ojs.publisher.agency/index.php/SRED/issue/view/20

64. Mykola Yakymchuk, Ignat Korchagin. Tecnologia de prospeção direta de imagens de satélite e processamento de ressonância de frequência de imagens fotográficas: resultados do levantamento de grandes blocos e áreas de desgaseificação de hidrogénio na Grã-Bretanha. Revista Novos Conceitos em Tectónica Global. Volume 10, n.º 2, junho de 2022. P. 120155. ISSN 2202-0039 http://www.ncgtjournal.com/journals.html

65. Mykola Yakymchuk, Ignat Korchagin. Métodos móveis de processamento de ressonância de frequência de imagens de satélite e imagens fotográficas: resultados de testes em locais de perfuração offshore. Actas da 1ª Conferência Científica Internacional "Hipóteses Teóricas e Resultados Empíricos" (04-06 de outubro de 2022). Oslo, Noruega, 2022. P. 141-184. https://ojs.publisher.agency/index.php/THIR/issue/view/1

66. Mykola Yakymchuk, Ignat Korchagin. Métodos móveis de processamento de

ressonância de frequência de imagens de satélite e imagens fotográficas: resultados de testes adicionais em locais de perfuração offshore. Agência editora: Actas da 1ª Conferência Científica Internacional "Research Reviews" (26-27 de dezembro de 2022). Praga, República Checa, 2022. P. 14-35. ISBN 978-3-3302-5670-5 DOI 10.5281/zenodo.7489910
https://ojs.publisher.agency/index.php/RR/issue/view/12/34

67. Mykola Yakymchuk, Ignat Korchagin. Projectos de levantamento de reconhecimento dos territórios dos países europeus por métodos de prospeção direta, a fim de identificar áreas promissoras para a exploração detalhada de petróleo e gás. Agência editora: Actas da 2ª Conferência Científica Internacional "World Scientific Reports" (16-17 de março de 2023). Paris, França, 2023. P. 336-360. ISBN 978-1-
8628-5741-4 DOI 10.5281/zenodo.7750877
https://ojs.publisher.agency/index.php/WSR/issue/view/22

68. Mykola Yakymchuk, Ignat Korchagin. Perspectivas da descoberta de depósitos comerciais de hidrocarbonetos no Bloco 9 no offshore do Líbano pelos resultados de métodos de prospeção direta utilizando. Agência editora (1): Actas da 2ª Conferência Científica Internacional "Hipóteses teóricas e resultados empíricos" (02-03 de fevereiro de 2023). Oslo, Noruega, 2023. P. 199-209. ISBN 978-2-0296-4115-0.   DOI   10.5281/zenodo.7607868
https://ojs.publisher.agency/index.php/THIR/issue/view/16

69. Naudts L., Batist M., Greinert j., Artemov J. Geo and hydro-acoustic manifestations of shallow gas and gas seeps in the Dnepr paleodelta, northwestern Black Sea.The Leading Edge. setembro de 2009, DOI: 10.1190/1.3236372

70. Nielsen, T., Laier, T., Kuijpers, A., et al., 2014. Fluxo de fluidos e metano ocorrências na área de Disko Bugt ao largo da Gronelândia Ocidental: Indicações para hidratos de gás? Geo-Marine Letters. 34, 511- 523. DOI:
https://doi.org/10.1007/s00367-014-0382-2 9 P.76

71. Pape T., Blumenberg M., Rei A. Oil and gas seepage offshore Georgia (Black Sea) - Geochemical evidence for a Paleogene-Neogene hydrocarbon source rock// Marine and Petroleum Geology 128 (2021) 104995, P.1-19

72. Plaza-Faverola A, S. Bünz, e J. Mienert. Fluid distributions inferred from P-wave velocity and reflection seismic amplitude anomalies beneath the Nyegga pockmark field of the mid-Norwegian margin // Marine and Petroleum Geology, vol. 27, no. 1, pp. 46-60, 2010.

73. Plaza-Faverola A, S. Bünz, e J. Mienert. Repeated fluid expulsion through sub-seabed chimneys offshore Norway in response to glacial cycle // Earth and Planetary Science Letters 305 (2011) 297-308.

74. Polevanov V.P., Glazyev S.Yu. Pesquisa de depósitos naturais de hidrogénio na Rússia como base para a integração numa nova ordem tecnológica. "Utilização do subsolo século XXI", agosto de 2020. - pp. 10-23. (em russo).

75. Popescu I., Lericolais G., Panin N.et al. Seismic expression of gas and gas hydrates across the western Black Sea. Geo-Marine Letters. 2007. 27(2-4). 173183.

76. Resultados de uma pesquisa por métodos móveis de prospeção direta na localização do complexo vulcânico ativo de Dashly no Mar Cáspio. Geólogo do Azerbaijão. # 25, 2022. P. 42-53. https://www.azgeologist.com/geolog/

77. Riedel, M., Freudenthal, T., Bergenthal, M. et al (2020). Propriedades físicas e integração sísmica do núcleo-log da perfuração no leque de águas profundas do Danúbio, Mar Negro. *Mar. Petrol. Geol* 114, 104192. doi: 10.1016/j.marpetgeo.2019.104192

78. Rodes N, Betlem P, Senger K.et al. (2023), Active gas seepage in western Spitsbergen fjords, Svalbard archipelago: spatial extent and geological controls. Front. Earth Sci. 11:1173477. doi: 10.3389/feart.2023.1173477

79. Romer M, Blumenberg M, Heeschen K. et al. (2021) Seepage de metano do fundo do mar relacionado com o diapirismo de sal na parte noroeste do Mar do Norte alemão. Front. Ciências da Terra. 9:556329. Doi: 10.3389/feart.2021.556329.

80. Romer M, Hsu C-W, Loher M, MacDonald IR, dos Santos Ferreira C, Pape T, Mau S, Bohrmann G e Sahling H (2019) Quantidade e destino do gás e do petróleo descarregados a 3400 m de profundidade da água de um local de infiltração natural no sul do Golfo do México.//Front. Mar. Sci. 6:700. doi: 10.3389/fears.2019.007

81. Romer, M., Sahling, H., dos Santos Ferreira, C., e Bohrmann, G. (2020).

Emissões de gás metano do Mar Negro - mapeamento da margem continental da Crimeia até a encosta da Península de Kerch. *Geo-mar Lett.* 40, 467-480. doi:10.1007/s00367-019-00611-0

82. Roy, S., Hovland, M., Noormets, R., et al., 2015. Seepage in Isfjorden and its tributary fjords, West Spitsbergen. Marine Geology. 363, 146- 159. [28]

83. Roy, S., Senger, K., Hovland, M., et al. 2019. Controles geológicos na distribuição de gás raso e infiltração no fundo do mar em um fiorde ártico de Spitsbergen, Noruega. Geologia Marinha e do Petróleo. 107, 237-254.

84. Rusakov O.M. Um inventário global das medições de concentração de gases livres e

dissolvido nas águas subterrâneas hidrogénio molecular na crosta terrestre em terra// Jeoph. Journal. 2020, V42, N6, P.59-99.

https://doi.org/10.24028/gzh.0203-3100.v42i6.2020.222284

85. Rusakov O.M. Chasing the phantom of biogenic hydrocarbons in the Black Sea / Geology and mineral resources of World Ocean/, 2016, 4, P. 118-127. (em russo)

86. Rusakov, O. M., & Kutas, R. I. (2018). Origem do manto de metano no Mar Negro. Jeoph. Journal. 40(5), 191-207.

87. Sahling H., Blum M. R., Borowski C. Observações do fundo do mar em Campeche Knolls, no sul do Golfo do México: coexistência de depósitos de asfalto, infiltração de petróleo e ventilação de gás // Biogeosciences Discuss., doi:10.5194/bg-2016-101, 2016.

88. Sarkar, S., Berndt, C., Minshull, T.A., et al., 2012. Seismic evidence for shallow gas-escape features associated with a retreating gas hydrate zone offshore west Svalbard. Journal of Geophysical Research: Solid Earth. 117(B9). [25]

89. Schumann, K., Volker, D., Weinrebe, W.R., 2012. Mapeamento acústico da boca do fiorde de gelo de Ilulissat, oeste da Groenlândia. Quaternary Science Reviews. 40, 78-88. [11]

90. Schwander e H. Zaki, Tectonic Evolution of the Eastern Mediterranean Basin and Its Significance for Hydrocarbon Prospectivity in the Ultra-Deep Water of the Nile Delta. The Leading Edge, Vol. 19, 2000, pp. 1086-1102. doi:10.1190/1.1438485

91. Shestopalov V.M. Sobre o hidrogénio geológico. // Jeoph. Journal , 2020, V42, N6, P.3-35 https://doi.org/10.24028/gzh.0203-3100.v42i6.2020.222278

92. Serov, P., Mattingsdal, R., Winsborrow, M., et al., 2023. Fuga natural generalizada de metano e petróleo de reservatórios submarinos do Ártico. Nature Communications. 14(1), 1782.

93. Shestopalov V.M., Lukin A.E., Zgonik V.A., Makarenko A.N., Larin N.V., Boguslavsky A.S. Essays on Earth's degassing. Kiev, Serviço BADATA-Intek. 2018. 632 p. (em russo).

94. Shnyukov E.F., Kobolev V.P. Vulcões de lama cegos do Mar Negro. Geologia e desenhos do Oceano Mundial. 2020. 16, No. 2: 49-65. https://doi.org/10.15407/gpimo2020.02.049 (PDF)

95. Shnyukov E.F., Kobolev V.P., Pasynkov A.A. Gas volcanism of the Black Sea. Kyiv: 2013. 383 p. (em russo)

96. Shnyukov E.F., Zyborov A.P. Mineral resources of the Black Sea (Recursos minerais do Mar Negro). K. 2004. P.277.

97. Suresh G., Heygster G., Bohrmann G.et al. "An automatic detection system for natural oil seep origin estimation in SAR images," in *Proc. IEEE IGARSS,* Jul. 2015, pp. 3566-3569.

98. Syvorotkin V.L. Twenty-Five Years of the Hydrogen Theory of Ozone Depletion, or an Alternative to the Montreal Protocol. Espaço e Tempo. - 2015. - No. 3 (21). - S. 345-357. Endereço de rede fixo: 2226-7271provr_st3-21.2015.92. (em russo)

99. O novo combustível que virá da Arábia Saudita https://www.bbc.com/future/article/20201112-the-green-hydrogen-revolution- in-energia-renovavel

100. Timurziev A.I. Alternativas ao cenário "xisto" do desenvolvimento do complexo de combustível e energia da Rússia com base no paradigma aprofundado da geologia do petróleo e do gás. *Geophysical Journal,* 2018. vol. 40, no. 4, pp. 133-154. (em russo).

101. A T otal E&P Liban anuncia os resultados do poço de exploração Byblos 16/1 perfurado no Bloco 4. http://nna-leb.gov.lb/en/show-news/114831/Total-amp-

Liban-Announces-Results-of-the-Byblos-Exploration-Well-16-drilled-on- Block

102. A Total Energies afirma que a perfuração de poços no Bloco 9 offshore do Líbano terá início no terceiro trimestre. https://www.reuters.com/business/energy/totalenergies-says-well- drilling-lebanons-offshore-block-9-begin-q3-2023-01-29/

103. A Turquia encontra 320 bcm de gás natural no Mar Negro, anuncia Erdogan. https://www.dailysabah.com/business/energy/turkey-finds-320-bcm-of- natural-gas-in-black-sea-erdogan-announces.

104. Valery Soloviev, Nikolay Yakymchuk, Ignat Korchagin. Pockmarks, seep sources, and degassing processes in the polar region structures. New Concepts in Global Tectonics Journal. Volume 11, Número 1, março de 2023. P. 35-47 ISSN 2202-0039. http://www.ncgtjournal.com/journals.html

105. Vandre C., Cramer B., Gerling P., Winsemann J. Natural gas formation in the western Nile delta (Eastern Mediterranean): Thermogenic versus microbial / Organic Geochemistry 38 (2007) 523-539.

106. Veloso, M., Greinert, J., Mienert, J., et al., 2015. Uma nova metodologia para quantificar as taxas de fluxo de bolhas em águas profundas usando sondas de eco de feixe dividido: Exemplos do Ártico ao largo de NW-Svalbard. Método de Limnologia e Oceanografia. 13, 267-287.

107. Vorobyov A. I., Melnichenko T. Análise da natureza geológica da macro-fuga de metano na parte a jusante do Mar Negro e sua manifestação em imagens de satélite. Ukr. remote log. Sounding the Earth. 2016. 10. pp. 10-16.

108. Wagner-Friedrichs M. Seafloor seepage in the Black Sea: Vulcões de lama, infiltrações e estruturas diapíricas visualizadas por métodos acústicos. Dissertação, Bremen, 2007.

109. Westbrook, G.K., Thatcher, K.E., Rohling, E.J., et al., 2009. Fuga de gás metano do fundo do mar ao longo da margem continental de West Spitsbergen. Geophysical Research Letters. 36(15), L15608. DOI: https://doi.org/10.1029/2009GL039191 [27]

110. Whelan J., Eglinton L., Cathles L., Losh S. Roberts H. Manifestações superficiais e subsuperficiais do movimento de gás através de um transecto N-S do

Golfo do México // Mar Petr Geol, 2005, 22(4), P.479-497.

111. Yakymchuk M. A., Korchagin I. M. Sobre a eficácia da exploração geológico-geofísica de petróleo e gás: comentários e sugestões // Modern research in world science. Actas da 9ª Conferência Internacional Científica e Prática. SPC "Sci-conf.com.ua". Lviv, Ucrânia. 2022. Pp. 689698. URL: https://sci-conf.com.ua/ix-mizhnarodna-naukovo-praktichna-   konferentsiya-modern-research-in-world-science-28-30-11-2022-lviv- ukrayina-arhiv/

112. Yakymchuk M. A., Korchagin I. M. Aplicação de métodos de ressonância de frequência de processamento de imagens de satélite para a pesquisa de acumulações de hidrogénio e água viva em áreas locais no Mali e em Itália. // Debates científicos europeus. Actas do 6.º Encontro Internacional Científico e
conferência prática. Potere della ragione Editore. Roma, Itália. 2021. Pp. 197206. URL: https://sci-conf.com.ua/vi-mezhdunarodnaya-nauchno-prakticheskaya-konferentsiya-european-scientific-discussions-25-27-aprelya-2021-goda-rim-italiya-arhiv/

113. Yakymchuk M. A., Korchagin I. M. Aplicação de métodos de ressonância de frequência de processamento de imagens de satélite para a pesquisa de acumulações de hidrogénio e água viva nas ilhas de fígados longos Okinawa e Ikaria // Ciência e educação: problemas, perspectivas e inovações. Actas da oitava conferência internacional científica e prática. CPN Publishing Group. Kyoto, Japão. 2021. Pp. 177-189. URL: https://sci-conf.com.ua/viii-   mezhdunarodnaya-nauchno-prakticheskaya-konferentsiya-science-and-   education-problems-prospects-and-innovations-28-30-aprelya-2021-goda- kioto-yaponiya-arhiv/.

114. Yakymchuk M. A., Korchagin I. M. Apropriação da tecnologia de processamento de ressonância de frequência de imagens de satélite e fotografias na área de localização de poços perfurados na Austrália // Investigação moderna na ciência mundial. Actas da 5ª conferência internacional científica e prática. SPC "Sci- conf.com.ua". Lviv, Ucrânia. 2022. Pp. 320-328. URL: https://sci-conf.com.ua/v-mizhnarodna-naukovo-praktichna-konferentsiya-modern- research-in-world-science-7-9-08-2022-lviv-ukrayina-arhiv/

115. Yakymchuk M. A., Korchagin I. M. Tecnologia de prospeção direta de

imagens de satélite e processamento de ressonância de frequência de fotografias: resultados da aprovação no Japão e na Coreia do Sul // Ciência, inovações e educação: problemas e perspectivas. Actas da 12ª Conferência Internacional Científica e Prática. CPN Publishing Group. Tóquio, Japão. 2022. Pp. 323-334. URL: https://sci-conf.com.ua/xii-mezhdunarodnaya-nauchno- prakticheskaya-konferentsiya-science-innovations-and-education-problems- and-prospects-28-30-iyunya-2022-goda-tokio-yaponiya-arhiv/

116. Yakymchuk M. A., Korchagin I. M. Resultados de um estudo de reconhecimento das áreas do vulcão submarino Fukutoku-Okanoba e de um projeto de localização de poços na costa do Japão // Ciência, inovações e educação: problemas e perspectivas. Actas da 9ª Conferência Internacional Científica e Prática. CPN Publishing Group. Tóquio, Japão. 2022. P. 177-189. URL: https://sci-conf.com.ua/ix-mezhdunarodnaya-nauchno-prakticheskaya- konferentsiya-science-innovations-and-education-problems-and-prospects-6- 8-aprelya-2022-goda-tokio-yaponiya-arhiv/

117. Yakymchuk M. A., Korchagin I. Sobre a viabilidade do levantamento de reconhecimento do território do Zimbabué através de métodos de prospeção direta para detetar blocos para prospeção de petróleo e gás // Modern research in world science. Actas da 11ª Conferência Internacional Científica e Prática. SPC "Sci-conf.com.ua". Lviv, Ucrânia. 2023. Pp. 551-559. URL: https://sci-conf.com.ua/xi-mizhnarodna-naukovo-praktichna-konferentsiya-modern-research-in-world-science-29-31-01-2023-lviv-ukrayina-arhiv/

118. Yakymchuk M., Korchagin I. [2022] Tecnologia de prospeção direta de imagens de satélite e processamento de ressonância de frequência de imagens fotográficas: resultados da prospeção de grandes blocos e áreas de desgaseificação de hidrogénio na Grécia e em Itália. Annali d'Italia. №32/2022. Pp. 61-77. ISSN 3572-2436 DOI: 10.5281/zenodo.6684155 https://www.anditalia.com/

119. Yakymchuk M., Korchagin I. Aplicação de métodos de ressonância de frequência de processamento de imagens de satélite para a pesquisa de acumulações de hidrogénio e água viva em áreas locais na Grã-Bretanha // O mundo da ciência e da inovação. Actas da 11ª Conferência Internacional Científica e Prática. Cognum

Publishing House. Londres, Reino Unido. 2021. Pp. 202-217. URL: https://sci-conf.com.ua/xi-mezhdunarodnaya-   nauchno-prakticheskaya-konferentsiya-the-world-of-science-and-innovation-   2-4-iyunya-2021-goda-london-velikobritaniya-arhiv/

120. Yakymchuk M., Korchagin I. Métodos móveis de processamento de ressonância de frequência de imagens de satélite: resultados de testes na localização do Bloco 23 na costa de Israel. Ciência geológica na Ucrânia independente: Resumos da Conferência Científica (Kyiv, 19-20 de setembro de 2023) / NAS da Ucrânia, M.P. Instituto Semenenko de Geoquímica, Mineralogia e Formação de Minério. - Kyiv, 2023. - P. 133-138.

121. Yakymchuk M., Korchagin I. Sobre as perspectivas de deteção de acumulações naturais de hidrogénio na Europa Ocidental // Tendências actuais da investigação científica moderna. Actas da 11ª Conferência Internacional Científica e Prática. Editora MDPC. Munique, Alemanha. 2021. Pp. 274-284. URL: https://sci-conf.com.ua/xi-mezhdunarodnaya-nauchno-prakticheskaya-konferentsiya-atual-trends-of-modern-scientific-research-6-8-iyunya-2021- go da-myunhen-germaniya- arhiv/

122. Yakymchuk M.A., Korchagin I.M. Hydrocarbons of the Gulf of Mexico: their genesis and extent migration to the surface and into the atmosphere. Suplemento da Acad. Nacional de Ciências da Ucrânia 2020. No. 11. P. 51-60. https://doi.org/ 10.15407/dopovidi2020.11.051

123. Yakymchuk N.A., Korchagin I.N., Bakhmutov V.G., Solovjev V.D. Investigação geofísica na expedição antárctica marinha ucraniana de 2018: equipamento de medição móvel, métodos inovadores de prospeção direta, novos resultados. Geoinformatika, 2019, n.º 1, pp. 5-27. (em russo).

124. Yakymchuk N.A., Korchagin I.N., Javadova A. Aplicação da frequência Métodos de ressonância de processamento de imagens de satélite para pesquisa de acumulações de hidrogénio e água viva em áreas locais na Europa. 11 p. 7º Simpósio Mundial Multidisciplinar de Ciências da Terra (WMESS 2021). IOP Conf. Series: Earth and Environmental Science 906 (2021) 012080. doi:10.1088/1755-1315/906/1/012080

125.	Yakymchuk N.A., Korchagin I.N., Javadova A. Caraterísticas da estrutura profunda de grandes zonas de desgaseificação de hidrogénio na Alemanha através dos resultados do processamento de ressonância de frequência de imagens de satélite e fotográficas. Geociências para além das fronteiras - Investigação, sociedade, futuro. 150º Aniversário da PGLA (BGR) e 175º Aniversário da DGGV Berlim | 3 - 8 de setembro de 2023

126.	Yakymchuk N.A., Korchagin I.N., Javadova A. Some features on the Deep Structures of Large Hydrogen Degassing Zones based on the Results of FR Processing of Satellites and Photographs. Int. Conferência de Exploração e Desenvolvimento de Campo 2023. 22-23 de setembro de 2023, em Wuhan, China.

127.	Yakymchuk, M., Korchagin, I., Soloviev, V., 2023. Alguns resultados da tecnologia FR direta aplicada ao estudo de áreas de infiltração de metano na região ártica. Avanços na Pesquisa em Engenharia Geológica e Geotécnica. 5(3): 25-38. DOI: https://doi.org/10.30564/agger.v5i

128.	Yakymchuk, N. A., Korchagin, I. N. Aplicação de métodos de ressonância de frequência móvel de imagens de satélite e processamento de imagens fotográficas para pesquisa de acumulações de hidrogénio. Geoinformatika, 2019, no. 3, pp. 19-28 (em russo).

129.	Yakymchuk, N. A., Korchagin, I. N. Aprovação da tecnologia de prospeção direta de processamento de ressonância de frequência de imagens de satélite e imagens fotográficas em depósitos de hidrocarbonetos conhecidos em diferentes regiões. Geoinformatika, 2020, n.º 2, pp. 3-38 (em russo).

130. Yakymchuk, N. A., Korchagin, I. N. Caraterísticas da estrutura de profundidade de grandes zonas de desgaseificação de hidrogénio em várias regiões da terra por resultados do processamento de ressonância de frequência de imagens de satélite e fotos. Geoinformatika, 2021, n.º 1-2, pp. 3-42 (em russo).

131. Yakymchuk, N. A., Korchagin, I. N. Tecnologia de prospeção direta de processamento de frequências ressonantes de imagens de satélite e fotografias: resultados da utilização para determinar áreas de migração de gás e hidrogénio para a superfície e na atmosfera. Geoinformatika, 2020, no. 3, pp. 3-28 (em russo).

132. Yakymchuk, N. A., Korchagin, I. N. Tecnologia de prospeção direta de

processamento de ressonância de frequência de imagens de satélite e imagens fotográficas: oportunidades potenciais e perspectivas de aplicação na pesquisa de acumulações naturais de hidrogénio. Geoinformatika, 2020, no. 4, pp. 3-41 (em russo)

133. Yakymchuk, N. A., Korchagin, I. N. Novas provas a favor da Génese abiogénica de hidrocarbonetos a partir dos resultados dos testes de métodos de prospeção direta em várias regiões do mundo. Relatórios da Academia Nacional de Ciências da Ucrânia. 2020. № 9. P. 55-62. https://doi.org/10.15407/dopovidi2020.09.055 (em ucraniano)

134. Yakymchuk, N. A., Korchagin, I. N. Sobre a possibilidade de aplicação da tecnologia de ressonância de frequência de imagens de satélite e processamento de imagens fotográficas para estudar objectos do sistema solar e do espaço distante Geoinformatika, 2020, n.º 2, pp. 98-108 (em russo).

135. Yakymchuk, N. A., Korchagin, I. N. Sobre as perspectivas da tecnologia de processamento de ressonância de frequência de dados de deteção remota utilizada na realização de estudos geoeléctricos e sísmicos de perfis. Geoinformatika. 2021. no. 3-4, pp. 18-50. (em russo).

136. Yakymchuk, N. A., Korchagin, I. N. Peculiaridades da estrutura de profundidade e perspectivas de petróleo e gás dos blocos separados do escudo ucraniano pelos resultados da sondagem de ressonância de frequência da secção transversal. Geoinformatika, 2019, no. 3, pp. 5-18 (em russo).

137. Yakymchuk, N. A., Korchagin, I. N. Resultados de um estudo de reconhecimento de grandes zonas de desgaseificação de hidrogénio em várias regiões do mundo. Relatórios da Academia Nacional de Ciências da Ucrânia. 2022. № 1. P. 79-91. https://doi.org/10.15407/dopovidi2022.01.079 (em ucraniano)

138. Yakymchuk, N. A., Korchagin, I. N. Tecnologia de processamento de ressonância de frequência de dados de sensoriamento remoto: resultados de aprovação prática durante a pesquisa mineral em várias regiões do globo. Parte I. Geoinformatika, 2019, no. 3, pp. 29-51; Parte II. Geoinformatika. 2019. no. 4, pp. 30-58; Parte III. Geoinformatika. 2020. no. 1, pp. 19-41; Parte IV. Geoinformatika. 2020. no. 3, pp. 29-62; Parte V. Geoinformatika. 2021. no. 3-4, pp. 51-88. (em

russo).

139. Yakymchuk, N. A., Korchagin, I. N. Escudo ucraniano: novos dados sobre a estrutura de profundidade e perspectivas de deteção de acumulações de petróleo, condensado de gás, gás e hidrogénio. Geoinformatika, 2019, n.º 2, pp. 5-18 (em russo).

140. Yakymchuk, N. A., Korchagin, I. N., Levashov, S. P. Tecnologia móvel de prospeção direta: os resultados da aprovação durante a procura de hidrogénio e os canais de migração de fluidos profundos, substâncias minerais e elementos químicos. Geoinformatika, 2019, n.º 2, pp. 19-42 (em russo).

141. Yakymchuk, N. A., Korchagin, I. N., Yanushkevich K.P. Caraterísticas da estrutura de profundidade e perspectivas do potencial de petróleo e gás da região dos Cárpatos pelos resultados da sondagem de ressonância de frequência de secção transversal. Geoinformatika, 2020, n.º 2, pp. 50-68 (em russo).

142. Yakymchuk, N. A., Levashov, S. P., Korchagin, I. N. Aplicação da tecnologia de processamento de ressonância de frequência de imagens de satélite e fotografias na área de produção de hidrogénio e desgaseificação de hidrogénio da Terra. 18ª Conferência Internacional EAGE sobre Geoinformática - Aspectos Teóricos e Aplicados. 2019, Kiev, 13-16 de maio de 2019. Resumo 15007_ENG. 5 páginas. DOI: 10.3997/2214-4609.201902022

143. Yildiray Palabiyik, Adil Ozdemir e Atilla Karataç (2020). Os potenciais alvos e locais de perfuração sugeridos para a descoberta de hidrocarbonetos da Turquia na bacia do Mar Negro. Simpósio Internacional dos Países da Costa do Mar Negro - IV, 5-6 de maio de 2020, Giresun, Turquia. P. 101-120. www.blackseacountries.org/

144. Younes M. A-A. Geoquímica do Gás Natural no Delta do Nilo Offshore, Egito. Avanços em Petroquímica, 2015, Capítulo 2. P.27-40. http://dx.doi.org/10.5772/60575

145. Zalán P. V. Severino M. G., Rigoti C. A.. et al. Uma visão 3D inteiramente nova da estrutura da crosta e do manto de uma margem passiva do Atlântico Sul - Bacias de Santos, Campos e Espírito Santo, Brasil. Resumo expandido, Houston, Texas, EUA, abril de 2011.

146. Zander T., Haeckel M., Klaucke I. Novos conhecimentos sobre a geologia e a geoquímica da zona de infiltração de Kerch no Mar Negro // Mar e Petr Geol, 2019

147. Zgonnik V. (2020) A ocorrência e a geociência do hidrogénio natural: Uma revisão abrangente. Revisões de Ciências da Terra 203: 103140. doi: 10.1016 / j.earscirev.2020.103140

Buy your books fast and straightforward online - at one of world's fastest growing online book stores! Environmentally sound due to Print-on-Demand technologies.

Buy your books online at
www.morebooks.shop

Compre os seus livros mais rápido e diretamente na internet, em uma das livrarias on-line com o maior crescimento no mundo! Produção que protege o meio ambiente através das tecnologias de impressão sob demanda.

Compre os seus livros on-line em
www.morebooks.shop

Printed by Books on Demand GmbH, Norderstedt / Germany